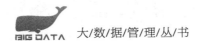

大/数/据/管/理/丛/书

Data Management in the Cloud
Challenges and Opportunities

云数据管理
挑战与机遇

迪卫艾肯特·阿格拉沃尔（Divyakant Agrawal）

[美]　　　苏迪皮托·达斯（Sudipto Das）　　　　著

阿姆鲁·埃尔·阿巴迪（Amr El Abbadi）

马友忠　孟小峰　译

机械工业出版社
China Machine Press

图书在版编目（CIP）数据

云数据管理：挑战与机遇／（美）迪卫艾肯特·阿格拉沃尔（Divyakant Agrawal）等著；马友忠，孟小峰译．—北京：机械工业出版社，2017.3（2017.9重印）
（大数据管理丛书）
书名原文：Data Management in the Cloud: Challenges and Opportunities

ISBN 978-7-111-56327-3

Ⅰ．云… Ⅱ．①迪… ②马… ③孟… Ⅲ．数据管理 Ⅳ．TP274

中国版本图书馆 CIP 数据核字（2017）第 050722 号

本书版权登记号：图字：01-2016-5927

本书共分 7 章。第 1 章介绍了云计算、云数据管理的基本概念，并描述了本书的组织结构；第 2 章主要介绍了分布式数据管理的相关知识，包括分布式系统、P2P 系统、并发控制和分布式数据恢复等；第 3 章对云数据管理的早期研究工作进行了描述，包括不同的键 - 值存储系统在数据模型、数据分布和容错等方面的区别，以及 Bigtable、PNUTS 和 Dynamo 这三个有代表性的键 - 值存储系统的特点；第 4 章介绍了托管数据的事务问题，包括数据托管模式、托管数据的事务执行、数据存储和复制等内容；第 5 章主要介绍了分布式数据事务相关技术；第 6 章讨论了云数据管理中的多租户技术，包括多租户模型、云中的数据库弹性以及云中数据库负载的自动控制；第 7 章对相关经验教训进行了总结，并指出了未来的主要研究方向。

本书适合计算机及相关专业学生学习数据管理和分析使用，也适合对数据管理和分析感兴趣的其他开发人员阅读。

出版发行：机械工业出版社（北京市西城区百万庄大街 22 号 邮政编码 100037）

责任编辑：关 敏	责任校对：李秋荣
印 刷：北京文昌阁彩色印刷有限责任公司	版 次：2017 年 9 月第 1 版第 2 次印刷
开 本：170mm×242mm 1/16	印 张：9.75
书 号：ISBN 978-7-111-56327-3	定 价：69.00 元

当下大数据技术发展变化日新月异,大数据应用已经遍及工业和社会生活的方方面面,原有的数据管理理论体系与大数据产业应用之间的差距日益加大,而工业界对于大数据人才的需求却急剧增加。大数据专业人才的培养是新一轮科技较量的基础,高等院校承担着大数据人才培养的重任。因此大数据相关课程将逐渐成为国内高校计算机相关专业的重要课程。但纵观大数据人才培养课程体系尚不尽如人意,多是已有课程的"冷拼盘",顶多是加点"调料",原材料没有新鲜感。现阶段无论多么新多么好的人才培养计划,都只能在20世纪六七十年代编写的计算机知识体系上施教,无法把当下大数据带给我们的新思维、新知识传导给学生。

为此我们意识到,缺少基础性工作和原始积累,就难以培养符合工业界需要的大数据复合型和交叉型人才。因此急需在思维和理念方面进行转变,为现有的课程和知识体系按大数据应用需求进行延展和补充,加入新的可以因材施教的知识模块。我们肩负着大数据时代知识更新的使命,每一位学者都有责任和义务去为此"增砖添瓦"。

在此背景下,我们策划和组织了这套大数据管理丛书,希望能够培养数据思维的理念,对原有数据管理知识体系进行完善和补充,面向新的技术热点,

提出新的知识体系 / 知识点，拉近教材体系与大数据应用的距离，为受教者应对现代技术带来的大数据领域的新问题和挑战，扫除障碍。我们相信，假以时日，这些著作汇溪成河，必将对未来大数据人才培养起到"基石"的作用。

丛书定位：面向新形势下的大数据技术发展对人才培养提出的挑战，旨在为学术研究和人才培养提供可供参考的"基石"。虽然是一些不起眼的"砖头瓦块"，但可以为大数据人才培养积累可用的新模块（新素材），弥补原有知识体系与应用问题之前的鸿沟，力图为现有的数据管理知识查漏补缺，聚少成多，最终形成适应大数据技术发展和人才培养的知识体系和教材基础。

丛书特点：丛书借鉴 Morgan & Claypool Publishers 出版的 Synthesis Lectures on Data Management，特色在于选题新颖，短小精湛。选题新颖即面向技术热点，弥补现有知识体系的漏洞和不足（或延伸或补充），内容涵盖大数据管理的理论、方法、技术等诸多方面。短小精湛则不求系统性和完备性，但每本书要自成知识体系，重在阐述基本问题和方法，并辅以例题说明，便于施教。

丛书组织：丛书采用国际学术出版通行的主编负责制，为此特邀中国人民大学孟小峰教授（email：xfmeng@ruc.edu.cn）担任丛书主编，负责丛书的整体规划和选题。责任编辑为机械工业出版社华章分社姚蕾编辑（email：yaolei@hzbook.com）。

当今数据洪流席卷全球，而中国正在努力从数据大国走向数据强国，大数据时代的知识更新和人才培养刻不容缓，虽然我们的力量有限，但聚少成多，积小致巨。因此，我们在设计本套丛书封面的时候，特意选择了清代苏州籍宫廷画家徐扬描绘苏州风物的巨幅长卷画作《姑苏繁华图》（原名《盛世滋生图》）作为底图以表达我们的美好愿景，每本书选取这幅巨卷的一部分，一步步见证和记录数据管理领域的学者在学术研究和工程应用中的探索和实践，最终形成适应大数据技术发展和人才培养的知识图谱，共同谱写出我们这个大数据时代的盛世华章。

在此期望有志于大数据人才培养并具有丰富理论和实践经验的学者和专业人员能够加入到这套书的编写工作中来，共同为中国大数据研究和人才培养贡献自己的智慧和力量，共筑属于我们自己的"时代记忆"。欢迎读者对我们的出版工作提出宝贵意见和建议。

大数据管理丛书

主编：孟小峰

大数据管理概论

孟小峰　编著

2017 年 5 月

异构信息网络挖掘：原理和方法

［美］孙艺洲（Yizhou Sun）　韩家炜（Jiawei Han）　著

段磊　朱敏　唐常杰　译

2017 年 5 月

大规模元搜索引擎技术

［美］孟卫一（Weiyi Meng）　於德（Clement T. Yu）　著

朱亮　译

2017 年 5 月

大数据集成

［美］董欣（Xin Luna Dong）　戴夫士·斯里瓦斯塔瓦（Divesh Sriva-tava）　著

王秋月　杜治娟　王硕　译

2017 年 5 月

短文本数据理解

王仲远　编著

2017 年 5 月

个人数据管理

李玉坤　孟小峰　编著

2017 年 5 月

位置大数据隐私管理

潘晓　霍峥　孟小峰　编著

2017 年 5 月

移动数据挖掘

连德富　张富峥　王英子　袁晶　谢幸　编著

2017 年 5 月

云数据管理：挑战与机遇

［美］迪卫艾肯特·阿格拉沃尔（Divyakant Agrawal）　苏迪皮托·达斯（Sudipto Das）　阿姆鲁·埃尔·阿巴迪（Amr El Abbadi）　著

马友忠　孟小峰　译

2017 年 5 月

随着物联网、社交网络、移动互联网等新兴技术和服务的快速普及与应用，数据以前所未有的速度不断增长，人类进入了大数据时代。数据规模的海量性、数据种类的多样性以及数据产生速度的快速性等特点给数据管理带来了巨大挑战。为实现对大规模数据的有效管理，云数据管理技术应运而生。

云数据管理虽然已有十余年的发展历程，但仍存在诸多挑战和发展机遇。本书以面向数据存储和服务于互联网应用的云数据管理系统为主要对象，描述了其中存在的若干关键性挑战。本书共 7 章，第 1 章介绍了云计算、云数据管理的基本概念，对其中面临的关键挑战进行了概述，并描述了本书的组织结构；第 2 章主要介绍了分布式数据管理的相关知识，包括分布式系统、P2P 系统、并发控制和分布式数据恢复等；第 3 章对云数据管理的早期研究工作进行了描述，包括不同的键-值存储系统在数据模型、数据分布和容错等方面的区别，以及 Bigtable、PNUTS 和 Dynamo 这三个有代表性的键-值存储系统的特点；第 4 章介绍了托管数据的事务问题，包括数据托管模式、托管数据的事务执行、数据存储和复制等内容；第 5 章主要介绍了分布式数据事务相关技术；第 6 章讨论了云数据管理中的多租户技术，包括多租户模型、云中的数据库弹性以及云中数据库负载的自动控制；第 7 章对相关经验教训进行了总结，并指出了未来的主要研究方向。

　　本书主要由马友忠负责翻译，孟小峰负责统稿和审校。本书于 2016 年 9 月译出初稿，责任编辑关敏对初稿进行了认真审核，张瑞玲、刘栋、贾世杰、张永新等也认真阅读初稿，给出了许多宝贵的修改意见。之后由孟小峰、马友忠根据责任编辑和同事提出的意见，逐章进行修改和完善。最后于 2017 年 1 月完成定稿。

　　本书译词主要遵从教科书及相关学术著作、科研论文中的习惯用法，并参考《计算机科学技术名词》等典籍。由于译者能力有限，译文中难免有不当之处，恳请读者批评指正并不吝赐教。如有任何建议或意见，敬请发邮件至 ma_youzhong@163.com。

马友忠

2017 年 1 月于洛阳

大数据和云计算是研究文献和主流媒体中大量使用的两个术语。当我们走进云计算和数据洪流的时代，经常被问到的一个问题是：云数据管理中的新挑战是什么？本书就是由我们寻求回答这个问题发展而来，并使我们自己对这一问题有了更为深入的理解。本书首先介绍了一些初步的综述性论文，这些综述论文总结了适合键–值存储系统的主要设计原则，这些系统如谷歌的 Bigtable、亚马逊的 Dynamo 和雅虎的 PNUTS，通过在一个数据中心或者有可能在世界不同地方的多个数据中心中部署成千上万台服务器来达到前所未有的规模。由于这一领域引起了学术界和工业界越来越多的研究人员的关注，该领域从键–值存储进一步发展到支持更丰富功能的可扩展数据存储，如事务或除简单键–值模型之外的模式。因此，我们将 3 个系统的简单综述在新加坡举办的 VLDB 2010 会议和在瑞典乌普萨拉举办的 EDBT 2011 会议扩展成一个 3 小时长的教程。后来又有很多相关资料的介绍，因为这些教程以及我们对该问题的理解也随时间的推移发生了改变。其间也提出了更多的系统。本书对我们这些年课程的学习以及来自于我们讲座的很多有趣的讨论进行了总结。

与传统数据管理时代事务处理与数据分析系统之间的划分一样，云数据管理也有一个类似的划分。一种是面向数据存储和服务于互联网应用的系统。这些系统与经典的事务处理系统类似，尽管有很多不同之处。另一种是数据分析系统，类似于数据仓库，通过分析大量数据来从中获得知识和智能。随着企业不断地搜集用户数据，并对来自于多种数据源的数据进行合并，基于 MapReduce 的系统，如 Hadoop 及其生态系统，使得数据分析和数据仓库更加大众化。云数据分析方面有几十个开源产品和数百篇相关领域的研究论文，已经成为一个热门的研究领域。因为企业试图从它们的数据库中获得新的见解，从而取得竞争优势，该领域会得到进一步扩展。

我们的研究、分析和调查主要关注于第一类系统，即数据管理和存储系统。因此，本书也主要关注这些系统。本书将深入探讨在设计这些更新密集型系统中存在的挑战，这些更新密集型系统必须对访问数据库小部分数据的查询和更新提供快速响应。在该类中，我们进一步将研究划分成两类系统。在第一类中，挑战在于对系统进行扩展，从而服务于拥有几千个并发请求和数百 GB 到数百 TB 频繁访问数据的大型应用。第二类包括这样一种情况，云服务提供商必须有效地服务于数十万个应用程序，每个应用程序的查询负载和资源需求都比较少。

致谢

本书源自于几年前我们试图更好地理解云数据管理设计领域的愿望。结果就有了我们对该设计领域的不断深入的理解。这得益于我们周围有很多人提供了帮助，人数太多，以至于这里无法一一列出。但是，我们想借此机会感谢那些在本书中发挥了重要作用的人。

首先，我们想感谢编辑 M. Tamer Özsu，他给了我们写这本书的机会，并在整个过程中为我们提供了持续的支持和反馈。他认真阅读了大量的早期草稿，并给出了很多意见和修正，大大完善了本书。Diane Cerra 作为我们的出版商 Morgan & Claypool 的执行编辑，为我们提供了必要的行政支持。没有来自 Tamer 和 Diane 的帮助与支持，本书将无法出版。

本书中的大部分材料都以不同的形式在世界各地的不同地点呈现过。在这些演示过程中，我们收到了许多与会者的反馈，这些反馈直接或间接地改善了我们的演示，并经常会给我们提供不同的角度。我们非常感谢所有提供这些慷慨反馈的人。我们也从与 Shyam Anthony、Philip Bernstein、Selcuk Candan、Aaron Elmore、Wen-syan Li、Klaus Schauser 和 Junichi Tatemura 的大量讨论中获益匪浅，在此对他们表示感谢。我们还要感谢 2008 ~ 2012 年间学习研究生课程（CMPSC 271 和 CMPSC 274）的所有研究生的贡献。

最后，我们要感谢我们各自的家庭，他们容忍我们为准备本书和相关资料而花费了无数个小时。没有他们的一贯支持和理解，本书也不会有面世的一天。

Divyakant Agrawal、Sudipto Das 和 Amr El Abbadi

作者简介 ‖

迪卫艾肯特·阿格拉沃尔（Divyakant Agrawal）
加州大学圣塔芭芭拉分校计算机科学系教授。主要
研究方向包括数据库系统、分布式计算、数据仓库
和大规模信息系统。他是 ACM 和 IEEE Fellow，在
数据库系统、分布式系统、多维索引、数据仓库和

云数据管理等领域发表论文 300 余篇。曾任多个国际会议、论坛的程序委员会
委员，1993 至 2008 年，任《分布式和并行数据库期刊》（Journal of Distributed
and Parallel Databases）编辑，2003 至 2008 年，任《VLDB Journal》编辑。他
是 ACM SIGMOD 2010 程序委员会主席，多次担任 ACM SIGSPATIAL 会议的
大会主席。目前担任《Journal of Distributed and Parallel Databases》的主编，
ACM TODS 和 IEEE TKDE 编委，VLDB 基金会的受托人。在加州大学圣塔芭
芭拉分校工作超过 25 年，培养了 30 多位博士研究生。荣获加州大学圣塔芭芭
拉分校杰出指导导师奖。

苏迪皮托·达斯（Sudipto Das） 微软研究院极限计算组（eXtreme Computing Group）研究员。于加州大学圣塔芭芭拉分校获得计算机科学博士。研究兴趣广泛，主要包括可扩展数据管理系统和分布式系统。其研究跨多个领域，如云计算平台的可扩展事务处理系统、针对大数据的高级数据分析系统和多租户数据库系统。在众多著名的数据库相关期刊、会议（如 SIGMOD、VLDB、ICDE、CIDR、MDM 和 SoCC）上发表过著作。在云计算和大数据领域做过多次培训。曾荣获加州大学圣塔芭芭拉分校 2012 年 Lancaster 论文奖、CIDR 2011 最佳论文奖、MDM 2011 最佳论文奖第二名、2012 杰出论文奖，2011 加州大学圣塔芭芭拉分校优秀学生奖和 2006 年 TCS-JU 最佳学生奖。

阿姆鲁·埃尔·阿巴迪（Amr El Abbadi） 加州大学圣塔芭芭拉分校计算机科学系教授。埃及亚历山大大学计算机科学学士，康奈尔大学计算机科学硕士、博士。2007 至 2011 年，担任加州大学圣塔芭芭拉分校计算机科学系主任。他是 ACM 和 AAAS Fellow。曾任多个数据库期刊（包括 VLDB Journal）编辑，多个数据库和分布式系统会议（包括 VLDB 2010、SIGSPATIAL GIS 2010 和 SoCC 2011）的程序委员会主席。2002 至 2008 年，任 VLDB 基金会委员。2007 年，荣获 UCSB Senate 杰出导师奖。在数据库和分布式系统领域发表超过 275 篇论文。

第 1 章

简　介

当代技术的快速发展导致大规模数据中心（也称为云）中的用户应用、服务和数据的数量急剧增加。云计算已经使得计算基础设施商品化，就像日常生活中的许多其他实用工具一样，并且大大减少了创新型应用及其大规模部署之间的基础设施障碍，从而可以支持分布在世界各地的大规模用户。在云计算出现之前，对一个拥有大规模用户群的新应用的市场验证，往往需要在计算基础设施方面进行大规模前期投资才能使得应用可用。由于云基础设施的即用即付收费机制和弹性特征，即根据工作负载动态地增加或减少服务器数量，大部分基础设施风险都转移到了云基础设施提供商身上，从而使得一个应用或服务能够支持全球范围内的用户，影响更多人。例如 Foursquare、Instagram、Pinterest 以及很多其他应用，在全世界范围内有数百万用户访问，正是云计算基础设施才使得如此大规模的部署成为可能。

虽然云平台简化了应用程序的部署，但是服务提供商面临着前所未有的技术和研究挑战，即，开发以服务器为中心的应用程序平台，能够实现无限数量用户的 7×24 小时的网络访问。过去 10 年，很多技术领先的网络服务提供商（如 Google、Amazon 和 Ebay）积累的经验表明，云环境下的应用程序基础设施必须满足高可靠性、高可用性和高可扩展性。可靠性是确保一个服务能够连续访问的关键。同样，可用性是指一个给定系统能够正常工作的时间百分比。可扩展性需求代表系统处理逐渐增加的负载的能力，或者随着额外资源的增加（尤其是硬件资源），系统提高吞吐量的能力。可扩展性既是云计算环境下的关键要求，同时也是一个重大挑战。

一般来说，一个计算系统的硬件增加以后，如果其性能能够随增加的资源成比例提高的话，该系统就是一个可扩展的系统。系统有两种典型的硬件扩展方式。第一种方式是垂直扩展（vertically，或称 scale-up），垂直扩展是指增加单个服务器的资源，或者用功能更强大的服务器进行替换，一般涉及更多的处理器、内存和服务器有更强的 I/O 能力。垂直扩展能够有效地为现有的操作系统和应用模块提供更多的资源，但是需要对硬件进行替换。此外，一旦超过一定规模以后，服务器能力的线性增加会导致开销的超线性增加，从而导致基础设施代价大幅度增加。另外一种系统扩展方式是水平增加硬件资源，又称为横向扩展（horizontally，或称水平扩展，scale-out）。水平扩展意味着无缝地增加更多的服务器，并进行工作负载的分配。新服务器可以逐渐添加到系统当中，这样可以保证基础设施的开销（几乎）是线性增加的，从而可以很经济地构建大规模的计算基础设施。但是，水平扩展需要高效的软件方法来无缝地管理这些分布式系统。

随着服务器价格的下降以及性能需求的不断增加，可以用低成本的系统来构建大规模的计算基础设施，部署高性能的应用系统，如网络搜索和其他基于网络的服务。可以用数百台普通服务器构建一个集群系统，其计算能力往往可以超过很多强大的超级电脑。这种模型也得益于高性能连接器的出现。水平扩展模型还促使对高 I/O 性能的共享数据中心的需求日益增加，这种数据中心也是大规模数据处理所需要的。除了硬件和基础设施的上述发展趋势外，虚拟化（virtualization）也为大规模基础设施的共享提供了优雅的解决方案，包括对单个服务器的共享。水平扩展模式是当今大规模数据中心的基础，构成了云计算的关键基础设施。谷歌、亚马逊和微软等技术引领者都证明，由于很多应用能够共享相同的基础设施，因此数据中心能够带来前所未有的规模效应。这3家公司不仅对公司内部的应用实现共享，同时还在各自的数据中心中提供Amazon Web Services（AWS）、Google AppEngine和Microsoft Azure等框架来为第三方应用提供服务，这样的数据中心称为公有云。

图1-1展示了部署在云基础设施中的网络应用的软件栈示意图。应用程序客户端通过互联网连接到应用程序（或服务）。应用程序接口往往是通过应用程序网关或者负载均衡服务器来把请求路由到网络和应用服务器层的相应服务器上。网络层主要负责处理访问请求并对应用逻辑进行封装。为了加快访问速度，频繁访问的数据一般都存储在由多个服务器构成的缓冲层上。这种类型的缓冲一般是分布式的，并且由应用层来负责显式管理。应用程序的持久化数据存储在一个或多个数据库服务器中（这些服务器组成数据库层）。存储在数据库管理系统（DBMS）中的数据构成了基准数据，即应用程序正常操作所依赖的数据。部署在大规模云基础设施中的大部分应用程序都是数据驱动的。数据和数据库管理系统在整个云软件栈中都是不可或缺的组成部分。由于数据管理系统是整个软件栈中的重要组成部分，所以数据往往被复制多份（参见图中的虚线部分）。这种复制机制在一个DBMS服务器宕机的情况下也能够提供高可用性。另外一个挑战是如何应对日益增长的数据量和访问请求。本书将主要关注云软件栈的数据库层设计中面临的诸多挑战。

云计算领域中数据库管理系统广泛使用的主要原因在于DBMS的成功，尤其是关系型数据库管理系统（RDBMS）的巨大成功能够满足不同类型应用程序在数据建模、存储、检索和查询方面的要求。DBMS成功的关键因素在于其所具备的诸多特性：完善的功能（用简单、直观的关系模型对不同类型应用程序进行建模），一致性（能有效地处理并发负载并保持同步），性能（高吞吐、低延迟和超过25年的工程应用经历），以及可靠性（在各种失效情况下确保数据的安全性和持久性）。

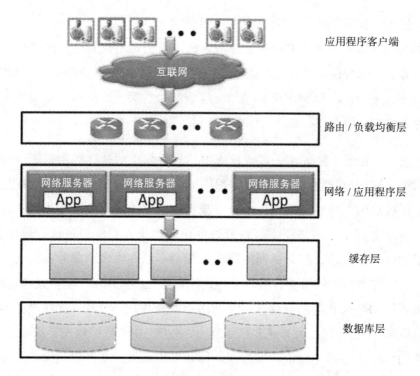

图 1-1　云基础设施中典型的网络应用程序软件栈

　　虽然取得了巨大的成功，但是在过去 10 年间人们一直认为 DBMS 和 RDBMS 并不适合云计算。主要原因在于，和云服务中的网络服务器、应用程序服务器等组件不同（网络服务器、应用程序服务器可以很容易从少数服务器扩展到成百上千甚至上万台服务器），DBMS 不容易扩展。实际上，现有的 DBMS 技术无法提供足够的工具和方法来对一个现有数据库部署进行横向扩展（从几台机器扩展为很多机器）。

　　在云计算平台中确保基于 Web 的应用程序具有可扩展性的基本要求是能够支持无限数量的终端用户。因为系统的可扩展性仅能保证系统能够扩展到更多的服务器或用户请求，所以可扩展性只是一个静态属性。即，可扩展性无法确保系统的规模能随着用户负载的浮动而动态变化。相反，系统弹性则是动态属性，因为弹性允许系统在不宕机的情况下通过增加服务器进行动态扩展或者通过减少服务器缩减规模。弹性是系统的一个重要属性，其得益于底层云基础设施的弹性。

　　为了能够水平扩展到数千台服务器、具备弹性、可以跨越多个地理区域和具备高可用性，很多技术引领者都开发了具有自主知识产权的数据管理技术。从历史来看，由于需求的巨大不同，数据管理任务往往被宽泛地分成两大类。第一类是在线事务处理（OLTP），或者是数据服务负载（主要侧重于短小、简单的读/写操作或事务）。另一类是决策支持系统（DSS），或者称为数据分析负载（主要侧重于长时间的、只读的、复杂的分析处理操作）。两类不同的任务负载对系统有不同的要求，针对每种工作负载，历史上出现不同的系统架构。因此，为了应对不同种类的工作负载，两种技术路线共同得以发展。本书主要关注前一个问题（OLTP）在云环境下是如何解决的。分析处理也得到了云数据管理的重要推动，并且产生了很多重要的技术和系统。尤其是谷歌公司提出的 MapReduce 编程模型 [Dean and Ghemawat, 2004]，该编程模型适合用来在计算机集群中对大规模数据集进行分析。简单来说，MapReduce 模式对大规模数据集进行划分，并把每一块映射到不同的服务器上。每个服务器负责处理一小块数据，并把处理结果传到一个 reducer 上，reducer 负责收集来自不同 mapper 的所有结果，并对这些结果进行合并得到最终的输出结果。由于谷歌公司的广泛推广以及开源系统 Hadoop[Apache Hadoop] 的大受欢迎，MapReduce 模式成为云时代最受关注的新兴技术。然而关于 MapReduce 和 RDBMS 的争论一直不断 [Dean and Ghemawat，2010，Stonebraker et al.,2010]，广泛深入的研究也促进了 MapReduce 和基于 Hadoop 的分析平台的快速发展。本书的剩余章节将主要关注云环境的数据服务系统。

　　早期开发的可扩展的数据服务系统是一类称为"键–值存储"的系统。Bigtable [Chang et al., 2006]、Dynamo [DeCandia et al.,2007] 和 PNUTS [Cooper et al., 2008] 等系统起到了引领作用，紧接着一系列开源系统涌现出来，这些开源系统或者是复制了这些内部（in-house）系统的设计思想，或者是受到这些内部系统的启发。键–值存储系统与 RDBMS 的主要区别在于，传统 RDMS 数据库中的所有数据都被视为是一个整体，DBMS 的主要职责是确保所有数据的一致性。然而，在键–值存储系统中，这种关系被分隔成主键和其相关的值，键–值对被视为独立的数据单元或信息单元。应用程序的原子性和一致性以及用户访问仅仅在单个主键级别得以保证。这种细粒度的一致性允许键–值存储系统对数据库进行水平扩展，很方便地把数据从一台机器迁移到其他机器，能够把数据分布到数千台服务器上，同时能避免繁重的分布式同步，在部分数据不可用的情况仍然能够继续为用户提供服务。此外，键–值存储系统设计的目的是具有弹性，而传统的DBMS 一般是用于具有静态配置的企业基础设施，其主要目的是对于给定的硬件和服务器设施实现最高的性能。

所有最初的内部系统都是根据良好的需求而定制的，能够适应特定应用的特点。例如，Bigtable 主要是用来进行索引结构的创建和维护，从而为谷歌搜索引擎服务。同样，Dynamo 的设计初衷是为亚马逊电子商务网站的购物篮服务，雅虎的社交属性促使了 PNUTS 的诞生。因此，虽然这些系统都属于键–值存储系统，但是每个系统也都有自己的独特设计。在本书后面的内容中，我们将详细分析每一个系统，从而理解这些设计原则及其权衡。然而，可扩展性、系统弹性和高可用性等关键特点使得这些系统在各自的应用领域大受欢迎，在其他领域，HBase、Cassandra、Voldemort 及其他开源系统也得到了广泛使用。键–值系统的广泛使用也预示着 NoSQL 运动的到来 [NoSQL]。虽然单个键–值对粒度的原子性和一致性已经能够满足实际应用的需求，但是在很多其他应用场景下这种访问模式还远远无法满足实际要求。在这种情况下，需要由应用程序开发者来保证多个数据的原子性和一致性。这就导致在不同的应用栈中重复使用多实体同步机制。针对多个数据的访问控制的实现机制在很多开发者博客 [Obasanjo, 2009] 及相关论坛中都有所讨论 [Agrawal et al., 2010, Dean, 2010, Hamilton, 2010]。

总体来说，所面临的关键挑战是如何在保证较高性能、可扩展性和系统弹性的同时实现针对数据库中多个数据片段访问的原子性。因此，在大规模数据中心中也要支持经典的事务 [Eswaran et al.，1976，Gray，1978] 概念。分布式事务已经有很多研究成果 [Özsu and Valduriez，2011]，但是传统的实践经验无法保证较高的性能，并且在系统出现故障的情况下，还会降低系统（通常是服务器的大集群）性能。这些基本的设计原则和各种设计方案是本书剩余章节的主要讨论内容。特别是我们会分析各种各样的系统和方法，其中有些是学术中的原型系统，有些是工业级的产品。这些方法经常利用一些巧妙的特性和应用程序的访问模式，或者对提供给应用层的功能加以限制。关键挑战在于如何在增强键 – 值存储系统功能的同时不降低系统性能、弹性和可扩展性。实际上，云平台成功的主要原因在于其能够在云环境下保证数据管理的简洁性、可扩展性、一致性和系统弹性。

把 DBMS 扩展到具有大规模并发访问用户的大型应用尚存在一些挑战，很多云平台在为大量小规模应用提供服务时也面临诸多挑战。例如，Microsoft Windows Azure、Google AppEngine 和 Salesforce.com 等云平台一般都要为成千上万个应用提供服务，但是大部分应用可能只占用一小部分存储空间，并发请求的数量也只占整个云平台的很小比例。关键的挑战在于如何以一种高性价比的方式来为这些应用提供服务。这就导致了多租户技术的出现，多个租户可以共享资源并在一个系统中共存。多租户数据库已经成为云平台软件栈中重要且关键的组成部分。这些租户数据库一般不是很大，因此可以在单个服务器中运行。因此，DBMS 的全部功能都可以得到实现，包括 SQL 操作和事务。然而，系统弹性、资源的有效共享和大量小租户的统一管理等问题也非常重要。为了满足这些需求，在数据库层已经产生了多种虚拟化方法。硬件和系统软件的虚拟化主要用于对大规模数据中心基础设施进行共享和管理。然而，数据库内部的虚拟化可以支持和隔离多个独立的租户数据库，该技术引起了数据库学术界和工业界的广泛关注。本书后面的部分将主要讨论设计灵活的多租户数据库系统面临的诸多挑战。

　　云计算和大规模数据中心的数据管理主要建立在基础的计算机科学研究之上，包括分布式系统和数据库管理。第 2 章中，我们主要提供分布式计算和数据库的一些基本背景资料，尤其是分布式数据库。第 2 章中涉及的很多主题都非常重要，有助于理解后面章节中的一些高级概念。但是对这些领域的文献资料比较熟悉的读者可以直接跳到第 3 章，第 3 章介绍云环境下关于数据管理的早期研究工作，特别介绍了基本的技术发展趋势以及取得的经验教训，并对一些特定的系统进行了重点讲述。接下来讨论了如何在云环境下支持原子操作（事务）。第 4 章讨论了一些新的尝试，试图将所需要的数据托管到一个地方，这样就可以避免复杂的分布式同步协议，也能够确保访问操作的原子性。第 5 章针对分布式事务和跨站点甚至跨数据中心的数据访问提供了通用的解决方案。第 6 章讨论多租户的问题，并对云环境下的实时迁移方法进行了探讨。第 7 章对相关经验教训进行了总结，并指出了未来的研究方案。

第 2 章

分布式数据管理

　　云计算建立在过去几十年计算机科学领域，尤其是在分布式计算和分布式数据管理领域积累的重要概念、协议和模型的基础上。本章主要讨论分布式系统和数据管理的基本背景，其构成了云数据库系统的基础。我们的主要目标是为读者提供足够的背景知识，以帮助读者理解后面章节的内容。对这些内容比较熟悉的读者可以直接跳过这些部分。我们同时也为读者提供了一些关于分布式数据库系统的参考资料 [Gray and Reuter，1992，Özsu and Valduriez，2011，Weikum and Vossen，2001]。我们首先在 2.1 节介绍了分布式系统的相关基础知识，主要包括计算因果模型、时间和各种逻辑时钟；分布式互斥和仲裁集（quorums）概念；领导者选举（leader selection）；组播协议；还包括一致性、Paxos 和 CAP 理论的讨论。2.2 节主要介绍了 P2P 系统的基本概念，P2P 系统广泛用于集群数据中心的数据管理。2.3 节主要介绍了并发控制和分布式数据库系统中的分布式恢复协议。

2.1　分布式系统

　　我们首先介绍分布式系统的一些重要基本概念，这些基本概念也是与云计算和数据中心有关的相关概念和协议的重要基础。简单来说，分布式系统就是一些独立的计算进程或处理器（常称作节点）的集合，这些节点基于消息传递机制，通过通信网络相互通信。这意味着节点上的进程没有共享内存，拥有独立的故障模型，不共享相同的时钟。节点可能会因系统崩溃、停止运行、甚至人为恶意破坏而失效。网络可能会出现连接故障。一般情况下，系统也可能出现分区失效，也就是说，系统被划分成若干个子分区，单个子分区内部的节点之间可以相互通信，但是不同分区之间的节点之间无法通信。分区失效的原因可能包括由于网关故障而引起的连接故障和节点故障。

分布式系统也可以分为同步系统和异步系统。在异步分布式系统中，消息传递的时间、处理器处理时间和本地时钟漂移时间的界限是未知的。在同步系统中，这些界限都是已知的，因此，可以利用超时来进行故障检测，在必要的情况下，也可以执行相应的操作。

2.1.1　逻辑时间和 Lamport 时钟

Lamport 于 1978 年在他的一篇代表性论文里提出了一个简单的分布式系统模型 [Lamport, 1978]。该模型中，进程被建模成一个全序事件的序列。事件分为本地（local）事件、发送（send）事件和接收（receive）事件。发送事件负责发送消息，该消息由相应的接收事件接收。本地事件是非通信事件，如，内存读写、矩阵相乘等。图 2-1 展示了一个包括 4 个进程（p_1、p_2、p_3 和 p_4）的分布式系统示例。事件 e_2 和 e_4 在进程 p_1 上执行，事件 e_1、e_3 和 e_9 在进程 p_2 执行，等等。事件 e_3 是进程 p_2 上的本地事件，而事件 e_1 是一个发送事件，e_2 是相应的接收事件。

若两个事件 e 和 f 满足下列任一条件，则事件 e 发生在事件 f 之间，记作 e → f：

1. 如果 e 和 f 是发生在同一进程内的两个事件，并且 e 发生在 f 之前，

那么 e → f;

2. 如果 e 代表了某个进程的消息发送事件 send(m)，f 代表另一进程中针对这同一个消息的接收事件 receive(m)，那么 e → f;

3. 如果存在一个事件 g，满足 e → g 并且 g → f，那么 e → f。

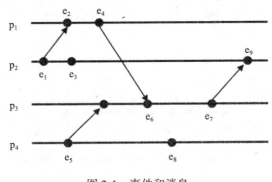

图 2-1　事件和消息

"发生在前"（happens-before）关系可以很好地反映任意两个事件之间的潜在因果依赖关系。并且，如果两个事件 e 和 f 既不存在 e → f 关系，也不存在 f → e 关系，那么 e 和 f 是并发的。在图 2-1 中，事件 e_4 发生在事件 e_6 之前，而事件 e_3 与事件 e_2 和 e_4 都是并发的。

时间概念以及时间与事件之间的关系对很多分布式系统协议来说都是至关重要的。一般情况下，不一定需要实时时钟或近似实时时钟，只要有一个时间概念能够捕获潜在的因果关系就足够了。Lamport 引入了一种可以捕获事件之间的潜在因果关系的逻辑时钟概念。逻辑时钟为每一个事件 e 赋一个值 clock(e)，因此，对任意两个事件 e 和 f，存在如下关系：

❏ 如果 e → f，那么 clock(e)<clock(f)。

为了能够实现这种逻辑时钟，Lamport 为每一个进程设置了一个时钟计数器。该计数器在同一进程中的任意两个事件之间都必须是递增的，并且，每一个消息都携带了发送者的时钟值。当消息到达目的地之后，本地时钟计数器被设置为本地值的最大值，同时消息的时间戳加 1。这种实现方式可以满足上述逻辑时钟的条件。

在图 2-2 中，使用与图 2-1 相同的例子，为系统中的所有事件都赋一个逻辑时间。

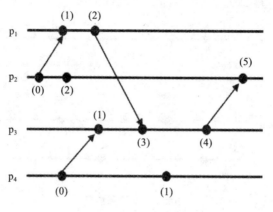

图 2-2　Lamport 时钟

因为"发生在前"关系是一个偏序，因此，多个事件可能被赋值相同的逻辑时钟。但是，在很多协议中，为每一个事件赋一个唯一的时间值更为方便。这种情况下，为了打破这种关系，时间值可以设置为 <t, p>，其中，t 是本地时钟计数器设置的逻辑时间，p 是事件执行所在进程的进程标识。一般情况下，每一个进程都被赋值一个唯一的全序的进程标识，这些进程标识可以打破具有相同逻辑时间的事件之间的关系。

2.1.2　向量时钟

逻辑时钟可以捕获潜在的因果关系，但是，这并不意味着一定有因果关系，逻辑时钟条件只是一个必要条件，并不是充分条件。分布式系统中的所有事件可能需要一个更强的时钟条件：

❑ $e \to f$ 当且仅当 clock(e)<clock(f)。

该条件可按如下方式实现：为每一进程 i 赋一个长度为 n 的向量 V_i，n

是系统中所有进程的数量。每一个执行的事件都被赋一个本地向量。

每个向量都初始化为 0，即：$V_i[j] = 0$，其中 $i, j = 1, \cdots, N$。进程 i 在每一个事件之前增加本地向量元素的值，$V_i[j] = V_i[j] + 1$。当进程 i 发送消息的时候，会将本地向量 V_i 和消息一起发送。当进程 j 接收消息时，会将接收向量和本地向量的元素逐个进行比较，并将本地向量设置为两者之中较大的值，$V_j[i] = \max(V_i[i], V_j[i])$, $i = 1, \cdots, N$。

给定两个向量 V 和 V'，V=V' 当且仅当 $V[i] = V'[i]$, $i = 1, \cdots, N$，并且 $V \leqslant V'$ 当且仅当 $V[i] \leqslant V'[i]$, $i = 1, \cdots, N$。如果至少存在一个 $j(1 \leqslant j \leqslant N)$，使得 $V[j] < V'[j]$，并且，对所有的 $i \neq j$，其中，$1 \leqslant i \leqslant N$，$V[i] \leqslant V'[i]$，则 $V < V'$。对任意两个事件 e 和 f，e → f 当且仅当 $V(e) < V(f)$。如果既不满足 $V(e) < V(f)$，又不满足 $V(f) < V(e)$，那么两个事件是并发的。

图 2-3 中，我们为图 2-1 示例中的所有事件都赋了向量时间值。

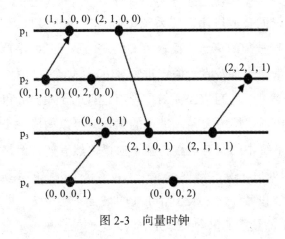

图 2-3　向量时钟

虽然向量时间可以准确地捕获因果关系，但是向量的大小是网络大小的函数，可能非常大，并且每一个消息都需要携带额外的向量。

2.1.3　互斥和仲裁集

互斥是并发进程访问共享资源时涉及的一个基本概念。互斥是操作系统中的一个重要操作，后来也被扩展到数据库中。互斥可以按照如下方式进行定义：给定一个进程集合和一个单独的资源，开发一种协议，该协议可以确保在同一时间，一个资源只能被一个进程进行排他性访问。针对集中式系统和分布式系统都已经提出了多种解决方案。针对分布式互斥问题的一种简单的集中式解决方案可以设计如下：指定一个进程为协调者，当进程需要访问资源时，发送一个请求消息给协调者。协调者维护一个等待请求队列。当协调者接收一个请求消息时，检查该队列是否为空，如果队列为空，协调者就为请求客户端发送一个回复消息，请求客户端就可以访问共享资源。否则，请求消息就被添加到等待请求队列中。进程在共享资源上执行完成以后，向协调者发送一个释放消息。接收到释放消息以后，协调者从队列中移除请求，然后为其他等待的请求检查队列。该协议已经被 Lamport[1978] 扩展成分布式协议，很多其他研究人员对该协议进行了优化。

该基本协议的普遍应用需要系统中所有进程的参与。为了克服障碍，Gifford 提出了仲裁集的概念。比较重要的发现是任意两个请求都应该有一个共同的进程来充当仲裁者。假定进程 $p_i(p_j)$ 从集合 $q_i(q_j)$ 中请求许可，其中 q_i 和 q_i 是仲裁集，也可以是系统中所有进程的子集。q_i 和 q_j 的交集不能为空。例如，包括系统中大部分进程的集合就可以构成一个仲裁集。使用仲裁集，而非系统中的所有进程，基本协议仍然有效，但是有可能出现死锁 [Maekawa, 1985]。图 2-4a 展示了一个包含 7 个进程的系统，任意一个大于等于 4 的集合和另外一个大于等于 4 的集合一定相交，即对于任意两个仲裁集，每一个仲裁集都包含大部分站点，它们的交集一定是非空的。

在数据库中，仲裁集的概念可以理解成基本的读、写操作，读操作不需要互斥。然而，多个读操作虽然可以并发执行，但是，针对数据的写操作仍需要互斥访问。因此，设计了两种仲裁集：读仲裁集和写仲裁集，其中，两个写仲裁集之间的交集不能为空，一个读仲裁集和一个写仲裁集之间的交集也不能为空，针对两个读仲裁集的交集没有强制性要求。图 2-4b

展示了一个包含 6 个进程的系统，写仲裁集是大小为 4 的任意集合，读仲裁集是大小为 3 的任意集合。需要注意的是，任意读仲裁集和写仲裁集必须相交，任意两个写仲裁集也必须相交。但是，读仲裁集之间不一定相交，因此，多个读操作可以并行执行。

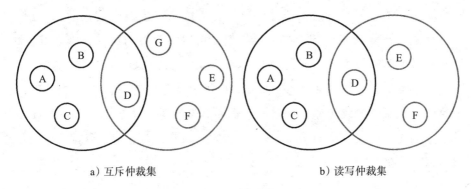

a）互斥仲裁集　　　　　　　　b）读写仲裁集

图 2-4　仲裁集

2.1.4　领导者选举

很多分布式算法都需要一个进程来充当协调者，然而，实际当中选择哪个进程作为协调者通常并不重要。该问题通常被称为领导者选举（leader election），其关键在于要确保一个唯一的协调者被选中。该协议非常简单，通常要求每个进程有一个进程编号，所有的进程编号都是唯一并且完全排序的。我们使用具有代表性的 Bully 算法（Bully Algorithm [Garcia-Molina, 1982]）来对该协议进行举例，该算法假设通信是可靠的。其核心思想是努力选择具有最大进程编号的进程。任何一个进程，如果该进程刚从故障中恢复，或者该进程怀疑当前的协调者失效了，都可以发起新的选举。有三类消息可以使用：election、ok 和 I won。

进程可以同时发起选举。发起进程 p 向所有拥有较高 ID 的进程发送一个 election 消息，并等待 ok 消息。如果没有收到任何 ok 消息，则 p 成为协调者，并向所有拥有较低 ID 的进程发送 I won 消息。如果该进程收到 ok 消息，则退出并等待 I won 消息。如果一个进程收到了 election 消息，可以返回。一个 ok 消息，并发起一个新的选举。如果进程收到了一个 I won 消息，则发送者就是协调者。很容易证明 Bully 算法的正确性。选举协议也可以利用逻辑通信结构或者覆盖网络（如环）来实现。Chang and Roberts [1979] 设计了这种协议，该协议把所有的节点组织成一个逻辑环，其中每一个进程都知道它的近邻，目的也是选择具有最大 ID 的进程作为协调者。一个进程如果刚刚恢复或者检测到协调者失效，可以发起新的选举。该进程按顺序对后继节点进行询问，直到发现活动节点，就把 election 消息发送给下游最近的活动节点。每一个接收到 election 消息的进程把自己的 ID 添加到该消息中并顺着环继续传递。一旦消息返回到发起者，就选择具有最大 ID 的节点作为领导者并顺着环发布一个特殊的 coordinator 消息。注意，多个选举可以并发执行。

2.1.5 基于广播和多播的组通信

如果数据被复制到多个节点上进行存储，数据更新操作需要发送给所有的副本。广播或多播操作是一种简单的通信原语。一般来说，广播方式把同一条消息发送给系统中的所有站点，而多播只发送给部分站点。不失一般性，我们用多播来表示发送信息到特定的节点集合。下面将介绍已经提出的多种不同的原语，这些原语已经在分布式系统和数据中心等不同场景中得到了应用。

FIFO 多播或发送者有序的多播：消息按照被发送的顺序传输（单个发送者）。

因果序多播：如果发送 m_1 和 m_2 两个消息，并且 m_1 的发送事件在 m_2 的发送事件之前发生，那么在所有相同的目的地上，m_1 都必须先于 m_2 传输。

全序（或原子）多播：所有消息都以相同的顺序发送给接收者。

实现不同多播协议的关键在于如何设计一种方法从而保证顺序一致性

约束。假设底层网络只支持点对点通信，不支持任何多播原语。另外，需要把网络中消息的接收者和应用层中消息的实际传输者进行区分。接收到一条消息之后，该消息被插入到队列中，当序列条件满足时，消息才能开始传输。下面将对实现这些原语的协议进行描述。图 2-5 展示了一个包含 3 个因果相关多播 e_1、e_2 和 e_3 的示例。如果这些多播都是因果相关多播，那么，部分消息的传输就需要推迟，直到因果序条件得到满足以后才能继续传输。例如，虽然进程 r 接收到 e_2 的时间比 e_1 的接收者时间早，但是因为 e_1 发生在 e_2 之前，所以，必须等到 r 对 e_1 完成接收和传输之后才能对 e_2 开始传输。同样，e_3 必须等到 e_1 和 e_2 传输完成之后才能开始传输。再看另外一个例子，图 2-6 也包含了 3 个多播 e_1、e_2 和 e_3。尽管 e_1 和 e_2 不是因果相关，并且是从不同的进程 p 和 q 发出的，如果它们是全序多播的话，那么所有的站点都要按照相同的顺序进行传输，而与它们的接收顺序无关。例如，虽然进程 r 接收 e_2 的时间比接收 e_1 的时间早，而在进程 s 中该顺序刚好相反，但是，所有的站点都必须按照相同的顺序来传输这两个多播，比如先传输 e_2，再传输 e_1。需要说明的是，即使发送操作是因果相关的，全序也不需要一定要满足因果序。例如，e_2 和 e_3 是因果相关的，并且 e_2 发生在 e_3 之前，但是所有的进程仍可能是先传输 e_3，再传输 e_2。

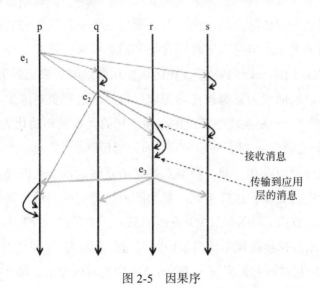

图 2-5 因果序

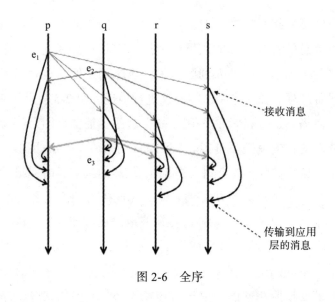

图 2-6　全序

　　FIFO 多播可以用一种类 TCP 传输协议来简单地实现，即消息发送者可以设置一个有序的消息标识符，任意一条消息在其之前的消息完成接收和传输之前都需要等待。如果有消息丢失了，接受者可以向发送者请求丢失的消息。

　　因果多播可以通过如下方式来实现：要求每一个广播消息都携带所有因果前置消息。在传输之前，接受者必须通过传输任何丢失的因果前置消息来确保因果关系。但是，这种协议的开销非常大。还有另外一种可供选择的协议（ISIS [Birman, 1985]），该协议使用向量时钟来延迟消息的传输，直到所有的因果前置消息都被传输完成。每一个进程负责维护一个长度为 n 的向量时钟 V，n 是系统中节点的数量。V 的元素被初始化为 0。当节点 i 发送一个新的消息 m 时，对应节点 i 的元素值就加 1。每一个消息都与发送者的本地向量组合在一起。当节点发送消息时，该节点需要利用如下方式对其向量进行更新：选择本地向量和随消息到达的向量之间的元素的较大值来更新。节点 i 利用向量 VT 发送消息 m，如果向量 VT 中与发送者相对应的元素刚好比接收端本地向量中的发送者元素大 1（即是下一条消息），并且，本地向量的所有元素都大于等于 VT 中的对应元素，那么接收者就接收到了所有的因果前置消息。

全序多播可以通过集中式方法来实现，例如固定的协调者（使用在 Amoeba [Kaashoek et al., 1989] 中），或者移动令牌等 [Défago et al., 2004]。另外，ISIS [Birman, 1985] 也提出了分布式协议。在 ISIS 分布式协议中，所有进程通过三轮来对序号（或优先级）达成一致意见。发送者将具有唯一标识符的消息 m 发送给所有接收者。接受者会建议一个优先级（序号），并把建议的优先级反馈给发送者。发送者收集完所有的优先级建议，并确定一个最终的优先级（通过进程编号打破关系），然后针对消息的重新发送最终达成一致意见的优先级。最后，接收者再按照最终的优先级来传输消息 m。

2.1.6　一致性问题

一致性是一个基本的分布式系统问题，在出现故障的情况下，需要多个步骤来达成一致 [Pease et al., 1980]。该问题经常出现在如下场景中：通信是可靠的，但是由于系统崩溃或认为恶意破坏等原因（即未按照指定的协议或代码进行响应），站点可能会失效。一般而言，该问题可以使用一个单独的协调者，或称 general，协调者给 n-1 个参与者发送一个二进制值，并满足下列条件：

一致：所有参与者都认同一个值。

正确：如果 general 是正确的，那么每一个参与者都认同 general 发送的值。

接下来介绍两个不可能出现的结果。在异步系统中，如果进程由于崩溃而失效，并且进程是通过消息传递来进行通信的，Fischer et al. [1983, 1985] 证明一致性是不可能解决的。另一方面，在一个存在恶意故障的同步系统中，Dolev [1982] 证明了如果一个系统的进程数量小于 3f+1，其中，f 是故障（恶意）进程的最大值，那么该系统也无法解决一致性问题。

　　已经有多种协议可以用来解决同步系统和异步系统中的一致性问题。同步系统需要指定恶意故障站点的最大数量的上界，如三分之一。另一方面，异步系统可能无法确保系统能够终止。近来，Lamport [1998, 2001] 为异步系统开发的 Paxos 协议广受欢迎。抽象地讲，Paxos 是一个以领导者为基础的（leader-based）的协议，每一个进程都可以估计当前的领导者是谁。当一个进程希望在某个值上达成一致时，进程就把该值发送给领导者。领导者对操作进行排序并通过一致性算法来实现一致。通常情况下，该协议经历两个阶段。在每一个阶段，领导者会与大部分站点进行联系，往往会有多个并发的领导者。用投票来区分不同领导者提供的值。两个阶段的具体过程可以总结如下：第一阶段，又称为准备阶段，认为自己是领导者的节点可以选择一个新的唯一的投票号码，并把该号码发送给所有的站点，然后等待来自大部分站点的较小的投票号码的结果。第二阶段，又称接受阶段，领导者根据自己的投票号码建议一个值。如果领导者能够获得大多数支持，那么该值就会被接受，其他站点也会用对应的投票号码对该值进行判断。图 2-7 展示了基于 Paxos 协议的不同进程之间的通信模式。

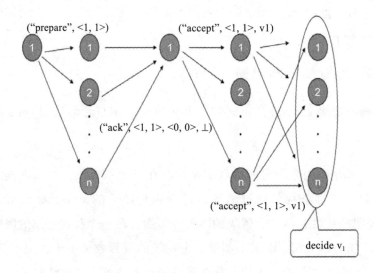

图 2-7　基于 Paxos 协议的通信

2.1.7　CAP 理论

Brewer[2000] 提出了下列理论，后来由 Gilbert and Lynch[2002] 加以证明：一个分布式共享数据系统最多同时满足下列三个属性中的两种：

❑ 一致性（C）
❑ 可用性（A）
❑ 网络分区容忍性（P）

该理论就是著名的 CAP 理论。一般情况下，大规模云数据中心的分布式系统需要支持分区，以便能够处理大规模操作。此时，在进行网络划分的过程中，根据 CAP 理论的要求，就需要在一致性和可用性之间做出选择。传统的数据库系统选择一致性，而一些最新出现的数据存储系统，如键 - 值存储系统，比较偏爱可用性。Brewer[2012] 对 CAP 理论的其他分支进行了评估，并对该理论中的任意两个方面的细微差别进行了详细描述。在分区故障不经常出现的情况下，可以设计一种大部分时间内兼顾一致性和可用性的系统。但是，当分区故障发生时，就需要采取一定的策略去检测分区，并开发最合适的策略对这种情况加以处理。另一个需着重强调的重要方面是延迟与分区之间的重要关系，分区归因于超时，因此，从使用的观点来看，分区故障是有时间限制的。Gilbert and Lynch [2012] 对该问题进行了进一步的详细描述，CAP 理论被认为是对不可靠分布式系统中安全性和活跃性之间进行均衡的一种描述，这与出现故障的异步系统中不可能存在分布式一致性有密切关系 [Fischer et al., 1983]。

2.2　P2P 系统

作为传统的客户端 - 服务器模式的另外一种可替代方式，P2P（peer-to-peer）架构提供了一种可行的方案，P2P 系统中的很多技术都已经在数据中心中得到了成功应用。P2P 系统的主要目标是在数百万并发用户的情况下，确保数十亿对象的可用性，如音乐文件。为了实现上述目标，必须在物理网络之上构建一层虚拟的或逻辑的覆盖（overlay）网络。抽象地讲，覆盖构建了不同站点之间的相互通信方式以及数据存储方式。最简单的形式是一个对象可以看成是一个键－值对。覆盖提供了对象检索方法，并支持两种基本操作：给定一个键和值，可以把键－值元组插入（insert）到覆盖中，同时，给定一个键值，可以查询（lookup）并返回对应的值。覆盖一般可以表示成图的形式，以站点为节点，用边来连接不同的站点，可以分为结构化覆盖和非结构化覆盖。

非结构化覆盖没有在节点间的逻辑图上增加任何特定的结构。集中式方案是这种 P2P 设计的最简单实现，最早由 Napster[Carlsson and Gustavsson, 2001] 加以应用，Napster 方案用一个中央服务器来存储所有的键值和用来标识这些键值所在网络节点的数据库。每次键－值元组的查找都需要访问中央服务器。Napster 于 1999 年发布，最高同时 150 万用户在线，2001 年 7 月由于法律问题关闭。

除此之外，Gnutella（http://en.wikipedia.org/wiki/Gnutella）使用了分布式设计，每个节点都有若干个邻居，并且在本地数据库中存储若干个键。当需要查找键 k 时，某个站点首先检查自己的本地数据库，判断 k 是否在本地。如果在本地，则直接返回相应的值，否则，该站点递归地询问邻居站点。通常情况下，需要使用一个限制阈值来限定消息的无限制传播。

另外一方面，结构化覆盖在不同的节点上强加了具有良好定义的数据结构。这种数据结构一般称作分布式哈希表（Distributed Hash Table, DHT），DHT 可以将对象映射到不同的站点，并且，给定相应的键，DHT 可以快速检索相应的数据对象。特别是，在结构化覆盖中，边是按照特定的规则选择的，数据被存储在预先确定的站点上。通常情况下，每一个站点负责维护一个表，该表存储了用于查找操作的下一跳（next-hop）。我们将用一种非常流行的称为 Chord[Stoica et al., 2001] 的 P2P 系统来对结构化覆盖进行举例说明。在 Chord 中，每一个节点都使用一致性哈希函数（如 SHA-1）进行哈希，哈希到一个 m 位的标识符空间中（2^m 个 ID），其中，m 一般取

160。所有的站点依据各自的 ID 号被组织成一个逻辑环。键也被哈希到相同的标识符空间中，键（及其相应的值）存储在后继节点中，即下一个具有较大 ID 的节点。

　　一致性哈希可以确保：对任何 n 个节点和 k 个键的集合，一个节点最多负责个 $(1+\in)k/n$ 键。另外，当一个新的节点加入或离开时，$O(k/n)$ 个键需要移动。为了支持高效和可扩展的查询，系统中的每一个节点都需要维护一个查询表（finger table）。节点 n 的查询表的第 i 个元素是第一个后继节点或者等于 $n+2^{i}$。图 2-8 展示了针对不同的网络规模，一个给定节点的路由表中的指针。换句话说，第 i 个指针沿着环指向 $1/2^{(m-i)}$ 方向。当接收到一个针对 id 项的查询时，节点首先检查是否存储在本地。如果不在本地，则将该查询往前发送给其查询表中最大的节点。假设 Chord 环中的节点呈正态分布，每一步中搜索空间的节点数量减半。因此，查询跳数的期望值是 $O(\log n)$，其中，n 是 Chord 环中节点的数量。

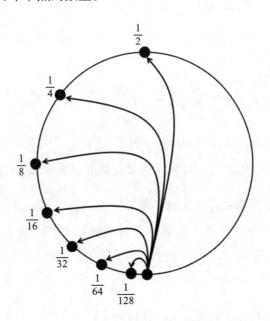

图 2-8　Chord 中的路由表指针

2.3　数据库系统

本节中，我们将为数据库系统中的一些主要概念提供一个相当抽象、简洁和高层次的描述。知识体系与 Bernstein et al. [1987] 一致。对数据库知识比较熟悉的读者可以跳过本部分内容。

2.3.1　预备知识

数据库由对象的集合组成，如 x、y、z。假设每个对象都有一个值，所有对象的值构成了数据库的状态。通常情况下，这些状态必须满足数据库的一致性约束。数据库对象支持两种原子操作：针对 x 的读和针对 x 的写，或者 r[x] 和 w[x]。事务的概念在数据库系统中至关重要。一个事务是按照一定偏序执行的操作的集合。事务 t_i 执行的操作记作 $r_i[x]$ 和 $w_i[x]$。如果一个事务是正确的，即，如果一个事务在一致数据库上单独执行，那么该事务可以将数据库转换成另外一个一致状态。

事务的执行必须是原子的，即必须满足如下两个属性：

1. 事务之间互不干扰。
2. 事务中的操作要么全部执行，要么都不执行。

事务 t_i 以 commit(c_i) 或 abort(a_i) 操作结束。并发控制协议可以确保并发执行的事务彼此之间互不影响。恢复协议可以确保 all-or-nothing 属性。

如果两个操作的执行顺序对结果有影响，即，如果其中一个是写操作，那么这两个操作是冲突的。给定一个事务集合 T，T 上的一个历史 H 是针对所有事务操作的偏序，该顺序反映了操作执行的顺序（事务顺序和冲突操作顺序）。

数据库管理系统必须满足 ACID 特性，即

原子性（atomicity）：每个事务要么全部执行，要么都不执行，即 all-

or-none 属性。

一致性（consistency）：每个事务是一个一致的执行单位。

隔离型（isolation）：事务之间互不影响。

持久性（durability）：事务的效果是永久的。

当一个并发事务集合执行时，事务的正确性概念必须以每一个事务都是一致的（ACID 中的 C）为前提，因此，如果事务是隔离执行的，数据库将从一个一致状态转换成另外一个一致状态。因此，如果事务集合串行执行，那么可以保证其正确性。特别是，对于一个调度 H 中的任意两个事务 t_i 和 t_j，如果 t_i 的所有操作在 H 中都位于 t_j 的所有操作之前，或者相反，那么 H 是串行的。

为了允许事务之间在一定程度上并发执行，产生了可串行化的概念。如果一个历史的执行结果与一个串行历史的执行结果等价，那么该历史是可串行化的。如果两个历史产生相同的结果，即所有的事务写入相同的值，我们认为这两个历史是等价的。由于我们不知道哪些事务执行写操作，事务就需要从相同的事务中读数据，最终写入的值也相同。不幸的是，识别可串行化的历史是 NP 完全问题 [Papadimitriou, 1979]。因此，产生了一个更强的可串行性概念，称之为冲突可串行性。

回想一下，如果针对相同对象的两个操作中，至少有一个是写操作，那么这两个操作是冲突的。如果两个历史 H_1 和 H_2 定义在相同的操作集合之上（相应的事务集合也相同），并且这两个历史中所有的冲突操作的顺序都一致，那么 H_1 和 H_2 是冲突等价的。如果一个历史 H 和某一个串行历史 H_s 是冲突等价的，那么 H 就是冲突可串行化的。既然串行执行是正确的，那么就可以保证冲突可串行化历史也是正确的。

2.3.2　并发控制

并发控制协议必须能够保证冲突可串行性。并发控制协议一般可以分为悲观协议（pessimistic protocol）和乐观协议（optimistic protocol）两种，悲观协议使用锁来避免错误的操作，而乐观协议是在提交阶段采用验证器（certifier 或 validator）来保证正确性。一般情况下，从技术的角度来看，任何并发控制协议都可以很容易地扩展到分布式环境中。

封锁协议

对于每一个操作，事务（或并发控制调度器）都会申请一个锁，每个锁都有两种模式：读和写。两个读锁是相容的，而两个写锁或者一个读锁和一个写锁是不相容的。如果一个数据项没有以不相容的模式封锁，那么该数据项就可以授予锁。否则，存在一个锁冲突，并且事务处于封锁状态（会经历锁等待）直到当前的锁持有者释放锁。一个操作执行完成后，相应的锁就会被释放。锁本身不足以保证正确性。两段锁协议增加了下列条件，以下条件足以保证冲突可串行性 [Eswaran et al., 1976]：

❑ 一旦一个事务释放了一个锁，该事务不能随即获取任何数据项的任何其他锁。

图 2-9 显示，在扩展阶段，事务所需要的锁的数量不断增加，在收缩阶段，锁的数据逐渐减少。

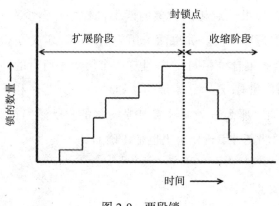

图 2-9 两段锁

两段锁在很多商业化系统中广受欢迎，尤其是严格版本，在事务结束之前（即提交或中断），保留所有的锁。然而，两段锁可能会出现死锁。而且由于冲突操作的存在，数据项队列可能导致数据冲突。这种冲突可能导致系统抖动（在常规多道程序设计系统中，资源冲突一般是由内存、处理器、I/O 通道引起的，而不是数据引起的冲突）。

乐观协议

如上所述，封锁可能造成长时间的资源阻塞。乐观并发控制协议可以允许事务执行所有操作，并使用验证方法来判断其他事务是否执行了冲突操作，通过这种方式可以有效避免这种阻塞。最简单的情况是，事务 t_1 执行其所有操作（写操作会导致本地缓存更新）。当事务提交时，调度器会检查是否有活动的事务执行了冲突操作，如果有，就中止 t_1。

Kung and Robinson [1981] 对上述简单思想进行了扩展，通过三个阶段来执行每个事务 t_1：

读阶段。在该阶段，事务可以无限制地读取任何对象，而写是本地的。

验证阶段。在该节点，调度器通过检查所有的并发事务 t_2 从而确保没有冲突发生，即可以检查事务 t_2 在其写阶段进行写操作的对象集合与事务 t_1 在其读阶段进行读操作的对象集合是否重叠，如果有重叠，则中止 t_1。

写阶段。验证成功以后，值可以写入数据库中。

简单的正确性证明显示乐观并发控制可以确保事务的可串行化执行。该协议出现了很多种变体，而且由于乐观协议在数据资源上不会产生排它锁，因此，乐观协议在云计算环境中的应用越来越广泛。

2.3.3 恢复和提交

集中式恢复

故障恢复是数据库管理系统不可分割的一部分。集中式恢复可以在单站点数据库在磁盘上存储所有数据时确保其持久性或永久性。为了在确保原子性的同时实现故障恢复，很多机制在事务执行的过程中都使用持久性存储设备，如磁盘，从而确保 all-or-nothing 属性。下面是 3 种常用的方案。

1. **影子页**：在磁盘上保存两份数据库备份，其中一个用于事务更新，当事务提交时，原子指针切换到新的数据库备份。

2. **前像文件**：磁盘日志用来存储所有更新数据项的前像文件（before-image），事务会立即更新物理数据库。一旦故障出现并且事务尚未提交，数据库就会根据日志恢复到初始状态。

3. **后像文件**：所有更新操作在后像文件（after image）日志中执行。事务提交后，根据日志，将所有的后像文件装载到数据库中。

在这些基本概念的基础上，提出了各种各样的恢复方法。这些方法以不同的方式对前像文件日志和后像文件日志进行组合，从而提高提交事务或中止事务的性能 [Bernstein and Newcomer, 2009, Gray and Reuter, 1992, Weikum and Vossen, 2001]。

从集中式数据库扩展到分布式数据库（即对象可能存在于不同的站点上）的关键挑战是：当故障出现时，如何在不同站点之间确保原子性。下面将介绍主要的分布式提交协议。

原子提交（atomic commitment）

提交的根本问题是由于事务在多个服务器上执行操作而引起的。全局提交需要所有参与者的一致本地提交。分布式系统可能会部分失效，在特殊情况下，服务器可能崩溃，极端情况下，会出现网络故障，从而导致网络划分。这可能会导致不一致的决定，即，在某些服务器上事务完成了提交，而在其他服务器上，事务却中止了。

基本的原子提交协议是一种简单的分布式握手协议，称为两阶段提交协议（two-phase commit, 2PC）[Gray, 1978]。在该协议中，协调者（事务管理者）负责一致决定：提交或中止。其他所有的执行事务的数据库服务器在该协议中都是参与者，都依赖于该协调者。提交时，协调者向所有参与者请求选票。原子提交要求所有进程得到相同的决定，特别是，只有当所有进程都投赞成（yes）票时，事务才能提交。因此，如果没有故障发生，并且所有的进程都投赞成（yes）票时，最终结果才可以提交。

该协议执行过程如下。协调者向所有参与者发送投票请求（vote-request）。当参与者接收到投票请求消息时，如果能本地提交，就返回一个 yes 消息，如果需要中止该事务（由于死锁或者无法把本地操作写到磁盘上），就返回 no 消息。协调者收集所有投票，如果都是赞成票（yes），那么就认为事务已经提交，否则事务就被中止了。协调者将结果发送给所有参与者，参与者相应地对本地事务进行提交或中止。

如果一个站点没有接收到预期的消息，该站点会怎么做呢？注意，该协议假设分布式系统是异步的，因此，其中有一个超时机制。有以下 3 种情况需要考虑。

1. 参与者等待投票请求：这种情况下，参与者在本地中止事务是安全的。
2. 协调者等待投票：这种情况下，协调者也可以安全地中止事务。
3. 参与者等待最终决定：这是一种不确定的情况，由于事务可能已经提交或者中止，因此，参与者也可能是不确定的，参与者可能不知道实际的决定。而有趣的是，协调者是确定的。

接下来详细探讨不确定参与者的情况。实际上，该参与者可以向其他参与者询问最终决定并寻求帮助。一旦任何参与者已提交或中止，该参与者就可以发送提交或中止决定。如果一个参与者尚未投票，那么它就可以安全地中止该事务，并可以向其他参与者发送中止决定。然而，如果所有参与者都投赞成票（yes），那么所有活动的参与者都是不确定的。这种情况下，该事务就被认为已阻塞，所有活动的参与者都需要一直等待，直到有足够多的站点赞成该事务进行恢复的决定。直观来看，活动的参与者处于不确定状态，其他一些失败的参与者可能处于提交状态，还有一些参与者处于中止状态。一般来说，两阶段提交协议即使是在简单的系统崩溃故障情况下也可能存在阻塞问题。

为了解决阻塞问题，可以引入中间缓冲状态，这样一来，如果任何运行站点是不确定的，那么，所有进程都不能提交 [Skeen and Stonebraker,1983]。这种协议就是三阶段提交协议，该协议在站点故障情况下是非阻塞的。然而，三阶段提交协议不允许分区故障。实际上，可以证明在分区故障情况下，不存在非阻塞原子提交协议 [Skeen and Stonebraker, 1983]。

总之，分布式数据库中的提交协议可能导致高复杂度和潜在的阻塞问题。实际上，其他站点的故障可能导致本地数据不可用。分布式数据库需要大量的额外开销来确保执行的正确性。这种对全局同步机制的依赖会限制系统的可扩展性，并对容错性和数据可用性产生重要影响。上述所有原因及其他因素（与不同地点的数据权限有关）共同导致分布式数据库的商业化应用较少。

第 3 章

云数据管理：早期趋势

随着互联网的日益普及，很多应用和服务开始通过互联网进行交付，同时，应用的规模也在快速增大。因此，越来越多的互联网公司，如谷歌、雅虎、亚马逊等，都面临巨大挑战，需要服务成千上万甚至数百万的对数据需求日益增加的并发用户。经典的关系数据库管理系统技术无法使用普通的硬件来支持这种规模的工作负载，因此，也无法承载这类应用。对廉价的可扩展的数据库管理系统的需求催生了键-值存储的出现，如谷歌的 Bigtable [Chang et al., 2006]、雅虎的 PNUTS [Cooper et al., 2008] 和亚马逊的 Dynamo [DeCandia et al., 2007][⊖]。这类系统可以扩展到成千上万台普通服务器，在不同地理位置的远程数据中心存储数据，能够在出现故障的情况下确保用户数据的高可用性，而故障是大规模普通硬件基础设施中的常见现象。对键-值存储的设计者来讲，扩展性比功能丰富更重要。键-值存储支持简单的键-值数据模型和简单的原子键-值访问，这些功能对一些初始目标应用来说已经足够 [Vogels, 2007]。

本章我们将主要讨论这 3 种系统的设计思想，并对这些系统采取不同

⊖　在写作本书时，已经有很多开源的键-值存储系统，如 HBase、Cassandra、Voldemort 和 MongoDB 等。然而，大部分开源系统都是本书中讨论的这 3 种内部系统的变形。

设计选择的影响进行分析。首先对 Bigtable、PNUTS 和 Dynamo 进行简单的概述，使读者了解其基本设计思路。3.2 节将对不同的键 – 值存储系统的共同设计原则以及不同实现方法之间的分歧进行分析。3.3 节将对 3 种主要的键 – 值存储系统进行详细描述，并讨论这些系统如何使用不同的设计方法和原则来实现端到端的系统。

3.1 键 – 值存储系统概述

Bigtable [Chang et al., 2006] 最初被设计用来支持谷歌的爬虫和索引系统。一个 Bigtable 集群包含若干提供数据服务的服务器；每个这样的服务器（称为 tablet server）负责部分表（称为 tablet）。一个 tablet 在逻辑上表示为一个键范围，物理上表示为 SSTables 集合。tablet 是系统分配和负载均衡的最小单位。对给定的 tablet，每个 tablet 服务器都有唯一的读写访问权限。表中的数据持久存储在谷歌文件系统（GFS）中 [Ghemawat et al., 2003]，GFS 可以提供可扩展的、一致的、容错的存储系统的抽象。在 Bigtable 内部，用户数据没有复制，所有的复制都由底层的 GFS 层负责处理。tablet 服务器和元数据管理之间的协调和同步由一个主节点（master）和一个 Chubby 集群 [Burrows, 2006] 负责处理。Chubby 通过排他性的定时租约来提供同步服务抽象。Chubby 利用基于日志的复制确保容错性，不同副本之间的一致性通过 Paxos 协议 [Chandra et al., 2007] 来实现。Paxos 协议 [Lamport, 1998] 可以在各种不同的故障情况下确保安全性，甚至在某些副本失效时，也能保证所有副本的一致性。但是这种高一致性是有代价的：Paxos 协议的高额开销限制了 Chubby 的可扩展性。因此，Bigtable 只有在访问元数据的时候才与 Chubby 交互。

PNUTS[Cooper et al., 2008] 是由雅虎设计的，主要用来对地理上分散的客户端进行高效的读取。PNUTS 也基于范围划分的表进行数据组织。PNUTS 在不同的数据中心之间执行显式的数据复制操作。复制操作由称为雅虎消息代理（Yahoo! Message Broker, YMB）的发布 / 订阅系统来负责处理。PNUTS 采用每一条记录都有一个主记录（per_record mastering）的方法，主节点负责处理更新；主节点是 YMB 的发布者，副本是订阅者。更新首先发布到与该记录主节点相关的 YMB 上。YMB 可以确保记录更新能够按照它们在主节点中执行的顺序来传递到副本上，从而保证单一对象时间一致性（single object timeline consistency）。PNUTS 允许客户端指定读操作的新鲜度要求（freshness requirement）。没有新鲜度约束的读操作可以由任意一个副本提供服务。如果读请求需求的数据比本地数据新，那么，这类读请求就需要发送给主节点。

亚马逊设计了 Dynamo[DeCandia et al., 2007]，主要用于支持亚马逊电子商务业务的购物篮。除可扩展性之外，高写可用性（甚至是在出现网络分区的情况下）是亚马逊购物篮应用的一个核心需求。在 Dynamo 中，数据采用分布式哈希表进行组织，类似于 Chord[Stoica et al., 2001] 环结构。Dynamo 使用一致性哈希把数据分布到环中的各种服务器上。Dynamo 显式地复制数据，写请求可以由任意一个副本来处理。Dynamo 使用服务器的一个仲裁集来处理读写请求。如果副本的仲裁集允许写操作，那么，就允许客户端执行该写请求。为了支持高可用性，写仲裁集大小可以设为 1。由于更新是异步传播的，没有任何顺序保障，Dynamo 仅支持最终副本一致性 [Vogels, 2009]，有可能出现副本不一致的情况。Dynamo 依赖于基于向量时钟的应用级别的一致性 [Lamport, 1978]。

3.2　设计选择及其影响

虽然这 3 种键 – 值存储系统有些目的是共同的，但是在一些重要的设计方面还是有很大的差别的。我们接下来将对这些区别、选择的基本原理及影响进行讨论。我们将主要关注设计方面，有关性能的影响将在 Cooper et al. [2010] 中讨论。

3.2.1 数据模型

键－值存储系统的突出特点在于其简单的数据模型。主要的抽象概念是包含项（item，或称记录）的表，每一个项是一个键－值对或者一行。在该抽象概念中，每条记录由一个唯一的键（key）标识，值（value）在结构上可以有所变化。Blob 数据模型是最简单的模型，其值是没有实际意义的二进制字符串对象，即 blob。结构化的关系数据模型（Relational Data Model, RDM）是类似于关系模型的类扁平状结构（flat row-like structure），每一行的值由多个列组成，每个列都有自己的属性名（或键名）。最后一种是列族数据模型（Column Family Data Model），值域中的列被组织成若干个列族，每个列族由若干列组成。在键－值存储系统中，每个记录包含多个版本，并由系统或用户自定义的时间戳进行索引。此外，数据表可以在多个服务器之间进行整体复制。键－值存储系统中，针对每一条记录的读写（取出和放入）操作都是原子操作。有些系统还支持原子的读－修改－写操作。在关系数据存储系统或者列族数据存储系统中，可以支持选择和投影等关系操作，但仅限于单表操作，而且更新和删除操作必须指定相关键－值记录的主键。一般情况下，不支持跨多个键－值对的访问。

总之，键－值存储系统允许包含较大的行，可以将逻辑实体表示成单个行。每一行一般存储在一个单独的服务器上。把数据访问限制到单一的键上，为设计者以更细的粒度操作数据提供了灵活性。由于这些限制，应用层的数据操作也被限制在单个计算节点上，因此，也就不需要多个节点之间的协调和同步 [Helland, 2007]。正因如此，这类系统可以利用水平分区或分片（shard）扩展到数十亿级别的键－值对，键－值存储系统中的行可以分布到多个服务器上。存储在一个服务器上的数据行被称为分片或块。基本原理是即使可能存在几百万个请求，这些请求通常分布在整个数据集上。此外，单键操作语义可以确保故障仅仅对故障节点上的数据产生影响；系统中的其他节点仍然可以继续处理访问请求。而且，单键操作语义允许细粒度的分区和均衡。这与关系数据库管理系统（RDBMS）不同，RDBMS将数据看成一个整体，单个组件的故障就会导致整体系统不可用。

3.2.2 数据分布和请求路由

为了确保比较方便地扩展到多个服务器，键－值存储系统需要对数据进行划分，并把划分后的数据分布到服务器集群上。通常，一张表被划分成若干分片（tablets，与 shard 或 chunk 类似），分片是数据分配和负载均衡的基本单位。范围划分和哈希划分是两种主要的划分方法。范围划分方法首先基于主键对所有记录按字典序进行排列，然后按照该顺序对所有记录进行划分，分配到不同的节点上。哈希划分方法基于主键（key）将记录映射到一个线性地址空间，然后再划分到不同的服务器上。典型的哈希方法可以使用分布式哈希表（DHT），如第 2 章中讨论的 Chord [Stoica et al., 2001]。

为了检索特定的键－值记录，系统必须具备一个路由机制，该路由机制可以用来确定哪个服务器包含这个特定的记录。通常情况下，路由机制可以分为集中式方案和分布式方案。在集中式方案中，需要专门的机制来对客户端请求进行路由，例如，路由逻辑可以存储在提供给每个客户端的客户端库中，或者存储在一个专门的路由服务器集群中。不论分区方法如何，整个域都可以划分成若干区间（范围划分方法采用的是原始域，哈希划分方法采用的是哈希域）。路由逻辑可以包含主键区间到服务器的全部映射，或者拥有一个指向索引结构（层次结构或类 B 树结构）的指针。在分布式方案中，客户端请求可以通过一致性哈希在分布式 P2P 服务器集群中进行路由。

3.2.3 集群管理

键－值存储系统主要用来在大规模数据中心的服务器集群中存储海量数据。随着系统规模的不断增大，如何在无人为干预的情况下管理大规模集群面临巨大挑战。故障检测和故障恢复，以及负载均衡等功能对系统的正常运行至关重要。不同的键－值存储系统使用不同的方法来管理服务器集群，然而，通常情况下有两种主要的解决方案：基于主节点的集中式方案和去中心化的分布式方案。

在基于主节点的方案中，一个特定的服务器被选作主节点。主节点利用高可用的容错服务来管理和追踪所有的数据服务器。该服务可以用来管理数据服务器，并负责跟踪存储在不同服务器上的数据。数据服务器为其管理的数据获取租约。当数据服务器发生故障时，租约丢失，该服务会报告数据服务器故障。一旦检测到故障，主节点会将数据重新分配到其他新的服务器上。如果主节点发生故障，会选择一个新的主节点来接管。

在去中心化的分布式方案中，每个服务器都可以使用 gossip 消息来了解服务器的故障和恢复情况。gossip 消息通常可以在服务器之间连续传输，并包含相关的性能度量。如果来自于一个服务器的 gossip 消息丢失了，就可以检测到该服务器发生故障。在关键部件发生故障时，集中式方案更容易变得不可用，而分布式方案可以使得系统对某些特定故障不那么敏感，但是这需要以更加复杂的设计和更大的消息负载为代价。

3.2.4　容错和数据复制

键－值存储系统一般部署在包含成千上万台普通服务器的大型数据中心中，普通服务器比较容易发生故障。因此，键－值存储系统的设计必须能够很好地处理故障并确保数据高可用性。通常情况下，通过在多个服务器上复制数据来实现容错。为了确保在毁灭性、大规模故障情况下（如地震、海啸等）的容错性，可以采用地域复制，即数据副本可以存储在不同的数据中心，这些数据中心在地理位置上是分散的。复制通常可以是显式的或者是隐式的。

在隐式数据复制方法中，数据管理与存储组件相分离。数据管理组件负责数据或记录的访问，即：控制读写访问。实际的数据读写由另外一个独立的实体负责，一般是一个分布式文件系统。分布式文件系统负责管理数据块，这些数据块由文件系统进行复制和管理，文件系统为数据管理组件提供数据读写的 API。

在显式数据复制方法中，数据不同副本的管理由数据管理组件显式管理，即：由实际执行读写操作的组件来管理。根据副本存储的位置以及系统支持的一致性级别，提出了不同的实现机制。通常情况下，一个对象的其中一个副本被指定为主副本，主副本用于读写。对于写操作，一旦主副本更新了，其他副本也要异步更新。在这些副本上，也可以定义读写仲裁集。如果读写仲裁集相交，或者任意两个写仲裁集相交，那么数据就是一致的，可以读到最新的数据副本。然而，为了确保系统的性能，仲裁集可能不相交，这种情况下可能会出现不一致。不一致数据副本的检测和修复是一个热门的研究主题，已经提出了各种各样的解决方案。通常可以使用一个版本向量，向量的每一个元素用来表示对应副本的更新次数。一旦版本向量出现分歧，就认为是不一致的，应用程序就需要采取措施使不同副本变成一致。

当系统支持复制功能时，提出了多种模型来处理复制操作。

❑ 强一致性：当进行读操作时，给定记录的所有副本都具有相同的值。

❑ 弱一致性：不同副本的值可能不同，甚至相互冲突。这种情况下，就需要设计相应的协调方法来帮助应用程序或系统决定记录的正确值。检测不一致性的一个简单机制是向量时钟，每个副本对应一个向量，向量的每个元素代表对应副本的更新次数。如果一个副本的向量大于或等于另外一个向量，那么副本就是一致的，否则就是存在冲突，需要进行协调。

❑ 时间一致性：该机制可以确保记录的所有副本按照相同的顺序执行更新。利用这种一致性模型，读操作可以返回一个记录的任意版本、最新版本，甚至是某个特定的版本。

❑ 最终一致性：在该机制下，更新最终会传播到所有的副本，所有的副本最终会具有相同的值，但是，读操作得到的可能是旧版本数据。

一般来说，可扩展性和高可用性是键–值存储系统的首要要求。如前所述，CAP 理论认为分布式系统最多具备三个性质中的两个：一致性、可用性和分区容忍性。对于横跨大规模基础设施或地理上分散的数据中心的系统来说，网络划分是不可避免的。在存在网络划分的情况下，这些系统往往会选择可用性而不是一致性。

3.3　键–值存储系统案例

本节将详细讨论 3 种不同的键–值存储系统，Bigtable、PNUTS 和 Dynamo，并重点介绍前面章节中提到的不同设计原则是如何实现的。

3.3.1　Bigtable

Bigtable[Chang et al., 2006] 是谷歌公司开发的一款数据存储系统，在网页索引、谷歌地球和谷歌财经等多个系统中都有用到。Bigtable 可以认为是第一个在实际商业环境中得到应用的大规模键–值存储系统。其数据模型是列族数据模型，该模型可以被视为一个稀疏的多维有序映射（map），每一个数据项都由行标识符、列族、列和时间戳来标识。行键可以是任意字符串，通常有 10 ～ 100 字节，最多可达 64KB。列键组成的集合叫做列族，列族是在存储层进行数据托管和访问的基本单位。存放在同一列族下的所有数据通常都属于同一个类型。

此外，列族在使用之前必须先创建，然后才能在列值中插入数据。Bigtable 中的每一个数据项都可以包含同一份数据的多个版本，不同版本的数据可以由时间戳进行索引，Bigtable 和客户程序都可以为时间戳赋值。图 3-1 展示了 Bigtable 的一个示例，其中有一行数据代表 cnn.com 主页。该示例中包含两个列族：contents 和 anchors。cnn 行有两个 anchor 列，一个是 Sports Illustrated，另一个是 my-look 主页。注意 contents 列有三个不同时间版本。

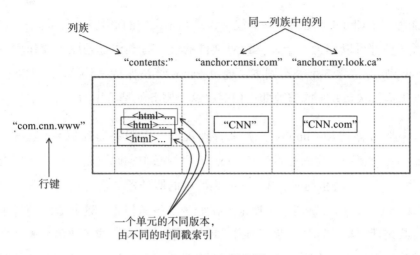

图 3-1 Bigtable 数据模型

Bigtable 提供了建立和删除表以及列族的 API 函数，同时还提供了修改元数据的 API 函数，如访问控制权限。同时，Bigtable 还为客户程序提供了一些基本操作，如查询、写入、删除值，还可以遍历记录子集。无论读取多少个列，针对每一个由单个键确定的值的读、写操作都是原子操作。此外，Bigtable 支持单行事务，可以对单行数据进行读 – 修改 – 写操作，但是不支持多行事务。

Bigtable 按照行键的字典序存储数据，并把数据划分为分片（tablet），tablet 是数据分配和负载均衡的基本单元。所有的 tablet 都被分配到不同的 tablet 服务器上，tablet 服务器负责处理针对各自 tablet 的所有读写请求。主服务器负责把 tablet 分配到 tablet 服务器上，并负责 tablet 服务器的负载均衡，同时也负责检测 tablet 服务器的增加和删除。tablet 服务器负责管理针对 tablet 的访问，tablet 在物理上以 SSTables 的形式存储在谷歌分布式文件系统（GFS）中。GFS 为 Bigtable 提供了强一致的重复存储抽象。然而，GFS 的设计机制是针对同一个数据中心内的副本进行了优化，因此，一个大规模数据中心级的停电会导致 Bigtable 中的数据不可用。

Bigtable 使用一个称为 Chubby 的高可用、可容错的锁服务来管理 tablet 服务器。Chubby 提供了一个包含目录和小文件的命名空间。每一个目录或者文件都可以作为一个锁，针对文件的读、写操作都是原子操作。一个 Chubby 服务包含 5 个动态副本，通过 Paxos 算法保持一致性。当大部分副本处于运行状态并且能够彼此通信时，这个服务就是可用的。

主服务器使用 Chubby 服务来管理集群。主服务器和每一个 tablet 服务器都将获得一个定时租约（lease），该租约必须定时更新。只有当拥有来自 Chubby 的活动租约时，Bigtable 集群中的服务器才能完成其职责。每个 tablet 服务器使用心跳消息定期地向主服务器发送报告，这些心跳消息也包含负载统计信息。这些心跳消息和 Chubby 租约共同构成了故障检测和恢复的基础。主服务器检测到一个 tablet 服务器发生故障后，失效服务器的状态可以在另外一个活动的 tablet 服务器上从 GFS 恢复。

Bigtable 采用层次方法来定位数据：它使用一个三层（分别称为 ROOT tablet，META tablet 和 USER tablet）的 B+ 树结构来存储中间映射，具体流程如图 3-2 所示。第一层是一个存储在 Chubby 中的文件，该文件包含 root tablet 的位置信息。root tablet 中含有 meta tablet 的位置信息，并指向 user tablet 的位置。每个 Bigtable 客户端都维护一个客户端库来缓存 tablet 的位置信息。如果数据过期了，客户端就使用该层次结构重新获取 tablet 的位置信息。

客户端更新操作提交到预写式日志（WAL 日志）中，预写式日志主要存储重做（redo）记录，并存储在 GFS 中。最近提交的更新存储在称为 memtable 的内存缓冲器中。写操作在执行时，首先要检查客户端是否拥有写权限（从 Chubby 检查）。产生一条新的日志记录，存储到包含 redo 记录的提交日志文件中。写操作一旦提交，其内容就会插入到 memtable 中。读操作也需要首先检查客户端是否拥有正确的权限，然后读操作在 SSTables（SSTables 构成了 tablet）的合并视图上执行，以及 memtable 中最近的更新。

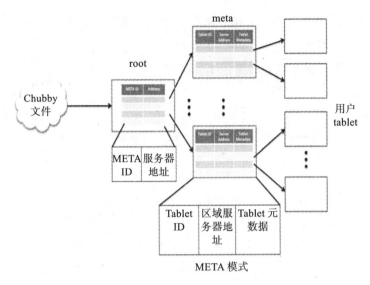

图 3-2　Bigtable 中的请求路由（来源于 [Chang et al., 2006]）

3.3.2　PNUTS

PNUTS[Cooper et al., 2008] 主要设计用于为雅虎的 Web 应用提供数据库支持。PNUTS 提供了一个传统的与关系模型类似的扁平状数据库结构。模式比较灵活，可以随时增加新的属性，记录不需要在所有的属性上都有值。PNUTS 为用户提供了简单的关系模型，该模型允许带有谓词的单表扫描操作。因此，与关系查询模型相比，PNUTS 仅支持单表上的选择和投影操作，并且不强制实施任何参考完整性约束。更新和删除操作必须指定主键。和早期的键－值存储系统相同，PNUTS 在单个键－值对的粒度上支持原子性和隔离型，即在单个键－值对上可以执行原子读/写操作和原子读－修改－写操作。无法为跨多个数据键－值对的访问提供保证。PNUTS 提供单记录时间一致性，能够保证当一个记录在多个站点（地理上是分散的）中进行复制时，记录的所有副本都按照相同的顺序应用所有更新。基于该一致性模型，读操作可以返回任何版本的记录、最新版本，甚至是某个特定的版本。例如，在图 3-3 中，新产生了一条记录，版本为 V1.0，然后更新多次，分别产生了版本 V1.1、V1.2 和 V1.3。获取最新版本的读操作将读取

V1.3 版本，否则，就需要指定特定的版本号。此外，PNUTS 还提供了一种原子测试 – 设置操作（test-and-set），该操作可以保证，只有当欲查询的对象版本就是当前版本时，写操作才会执行。

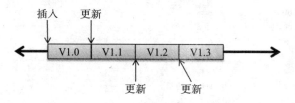

图 3-3 提供更新时间一致性的单记录时间线

一个 PNUTS 系统可以分成若干个区域（region），每个区域都包含全部数据的一个副本（见图 3-4）。通常情况下，区域在地理位置上是分散的，从而在单个数据中心出现灾难性故障时能够确保容错性。数据表基于主键水平划分成 tablet，每个 tablet 存储到一个存储单元（storage unit）中。数据可以被哈希到不同的 tablet 中，或者按范围进行划分。一个特殊的路由器存储着从区间到服务器的映射，从而可以追踪哪个 tablet 存储了给定的记录。区间映射可以存储到内存中，便于高效检索。路由器仅仅包含区间映射的一个缓存副本。映射由 tablet 控制器所有，路由器定期向 tablet 控制器询问，以获得任何对映射的修改。tablet 控制器主要负责故障检测，同时决定何时在存储单元之间移动 tablet，从而实现负载均衡或故障恢复，以及一个大的 tablet 何时必须分裂。

PNUTS 使用雅虎消息代理（Yahoo! Message Broker, YMB）更新不同的副本。更新在 YMB 内部完成复制后，再通知给客户端。PNUTS 使用 YMB 作为容错复制日志，采用 YMB 保证复制的有序发送；并确保所有副本的单记录时间一致性。YMB 能够保证某个给定客户端发布的所有消息可以按相同的顺序发送到所有的区域，然而，不同客户端并发发布的消息可能以不同的顺序发送到不同的区域。为了保证时间一致性，PNUTS 采用每一条记录都有一个主记录（per-record mastering）的方法，同一个表中的不同记录可能在不同的区域中有主记录。所有的更新都将指向主记录，然后使用 YMB 对其他副本进行异步更新。该方法可以确保低延迟，主要是因为主副本存储在有最近更新操作的区域中，大部分 Web 应用呈现出明显的写局部性。如果一个记录的主记录失效，另一个副本可以被选作主记录，要求来自于原主记录 YMB 的所有更新都应用到该副本上，该机制称为重复主记录机制（re-mastering）。但是，如果数据中心运行中断，导致 YMB 不可用，与其他以日志为基础的异步复制协议相似，如果记录被重新选择主记录，那么，还没有传播到其他数据中心的日志尾部将会丢失。因此，在出现灾难性故障的情况下，PNUTS 在数据丢失和数据不可用性之间做了权衡。

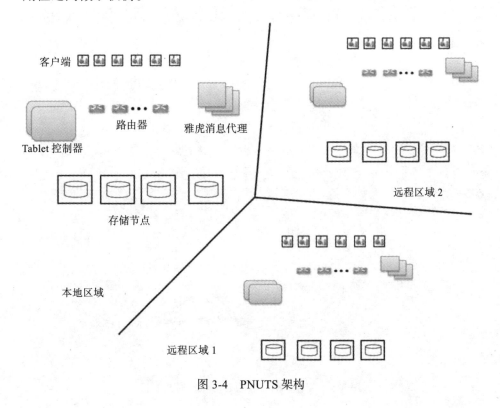

图 3-4   PNUTS 架构

3.3.3 Dynamo

亚马逊运营着大规模的电子商务应用，需要高可用的存储。Dynamo

[DeCandia et al., 2007] 是其第一个键－值存储系统。同其他方案相比，Dynamo 提供了最简单的数据模型，该模型中，每个记录由一个唯一的键标识，值是一个二进制对象，即 blob。Dynamo 支持读（get）和写（put）操作，但不支持跨多个对象的操作。Dynamo 利用分布式 P2P 方法将数据分配到不同的数据存储服务器上。该方法采用一致性哈希 [Karger et al., 1997]，哈希函数的输出范围是一个圆环空间，与 Chord [Stoica et al., 2001] 中使用的方法一样。为了实现负载均衡，Dynamo 并没有将每一个节点放置到环中的一个位置，而是引入了虚拟节点的概念，每一个物理节点被映射到环中的多个位置，这样就可以在多种不同的物理服务器上实现较好的负载均衡（见图 3-5）。Dynamo 使用一致性哈希来对客户端请求进行路由，从而避免了显式的路由机制。

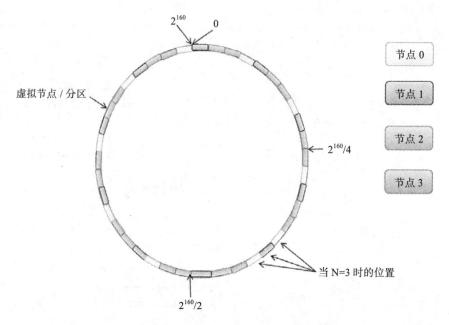

图 3-5　带有虚拟节点的 Dynamo 的 P2P 核

为了确保高可用性和持久性，Dynamo 在 N 个存储节点上对每个数据项进行复制，复制规则是：数据项哈希到的节点，以及环中 $N-1$ 个顺时针方向的后继节点。处理读写请求的节点被称为协调者，该节点由一致性哈希确定，通常是 n 个副本中的第一个副本，但是，在出现故障时，情况并非如此。Dynamo 提供最终一致性，写操作首先在协调者节点上执行，然后，异步更新再传播到其他副本。Dynamo 将读写仲裁集与读写操作相关联。当写操作将其更新传播到 N 个副本上后，在认为写操作成功之前，需要等待 W 个节点的承认。同样，读操作将读请求发送到所有 N 个节点，并等待 R 个副本的回复，然后才能决定哪个版本作为待读取数据项的值。如果 $R+W$ 大于 N，可以确保强一致性。然而，为了获得较高的性能，Dynamo 常常不要求读写仲裁集相交（也称为松散仲裁）。松散仲裁可能使多个并发的更新在相同的对象上执行，从而导致相同数据项的不同版本的出现。为了检测这类不一致，Dynamo 使用向量时钟，应用程序利用这些向量时钟来解决任何不一致现象。通过将向量与每个副本相关联（包括一个向量 – 副本对的列表，一个代表副本，一个代表对应的版本号），向量时钟可以捕获版本之间的因果依赖关系。通过比较与任意两个版本或副本相关联的向量，就可以对不一致进行检测。对于永久性故障，为了检测和修复更多持久故障 Dynamo 使用 Merkel tree 进行检测和修复。Merkel tree 是哈希树，树的叶子映射到单独的键，父节点映射到子节点，从而允许快速、有效地检测不同副本之间的不一致。

为了处理故障或者增加新的节点，Dynamo 允许管理员向一个 Dynamo 服务器显式地发送一个命令，从而加入系统或者从系统中移除。新服务器加入到系统中以后，可以为其随机地分配一些键 – 值项。Dynamo 可以使用非中心化的、采用基于 gossip 的机制的故障检测协议，基于 gossip 的机制可以使每个服务器知道其他服务器的加入和离开。基于 gossip 的协议要求每个节点随机选择另一个节点，以协调其成员资格更改历史。这可以确保在系统中的各种节点上的视图成员资格的最终一致性。

3.4　讨论

本章中，我们介绍了 3 种键 – 值存储系统，分别代表了 3 种不同的方法，这些方法可以用来设计可扩展的数据存储系统，从而支持用于存储和服务日益增长的数据量的应用。所有这些系统都被设计成一些大型互联网公司的内部解决方案。自这些架构公布以来，许多开源项目已经非常成熟，也很受欢迎。大部分开源系统的架构都受到 Bigtable 和 Dynamo 的启发。这些系统包括 HBase、Cassandra、Voldemort、Riak、CouchDB 和 MongoDB 等。这些系统都被归类为键–值存储系统，其值可以是无实际意义的字节流（如 Voldemort）或者有灵活和可扩展的结构（如 HBase 和 Cassandra），或者是文档存储，文档存储中的值代表复杂的数据，如 JSON 或者其他文档格式。虽然大部分架构特点与上述内部系统相似，但是开源系统大都基于它们服务的应用所提出的需求对它们的架构进行优化。Cattell[2011]对这些可扩展的键–值存储系统和文档存储系统的设计空间进行了全面的综述，统称为 NoSQL 存储。Cooper et al., [2010] 对部分键–值存储系统进行了性能分析，从而突出部分架构方面的区别以及这些区别对系统性能的影响。

主内存对象存储（如 Memcached）构成了另外一类键–值存储系统，其主要目的是将数据缓存在内存中，从而最小化数据访问的响应时间 [Danga Interactive Inc., 2012]。例如，这些键–值存储系统并没有为针对次要属性的访问进行优化。然而，如果一个系统发出一些访问次要属性的查询，这些查询的结果可以物化到缓存服务，如 Memcached 中。原则上来讲，用于设计通用目的键–值存储系统的大部分技术都可以用来设计这些主内存–键值存储系统。随着主内存价格的不断下降，将整个数据库放到内存中是可行的，从而可以支持针对大规模数据的快速访问。RAMClouds[Ousterhout et al., 2009] 项目旨在开发这样一个分布式主内存系统。当设计驻留主内存的系统时，会产生很多有趣的挑战。Ongaro et al., [2011] 讨论了其中一个挑战：没有完整数据复制的主内存数据库中节点故障的快速恢复。随着数据中心网络速度不断加快以及内存价格不断下降，主内存数据库系统有望成为存储和服务大数据的主流系统。

第 4 章

托管数据的事务

键 – 值存储系统，如 Bigtable、PNUTS 和 Dynamo，主要设计用于处理单操作和单数据项的事务。这样的操作语义对于这些系统初期服务的应用是足够的。随着早期云数据管理平台日趋成熟，一些扩展应用也开始使用这些系统，这自然导致了对多数据项进行访问的需求。此外，很多应用逻辑往往都可以表示成访问多数据项的多操作。由于缺乏跨多数据项和多操作的事务概念，极大地增加了应用软件的复杂性以及应用程序开发者的负担 [Hamilton,2010, Obasanjo, 2009]。从早期的关系数据库管理系统到现在，对数据的事务性访问一直都是很重要的概念。事务概念大大简化了应用逻辑，同时也简化了关于数据完整性和正确性的推理。因此，对于事务观念的需求不断增加，同时，对于可扩展的数据管理系统的需求也在不断增加。因此，设计和开发了很多可以提供更丰富事务语义的系统。

众所周知，灵活的通用事务机制将会阻止系统扩展到大规模节点或者阻止系统跨地理位置分散的数据中心。因此，大多数引入事务性访问的首次尝试都是在限制事务性访问粒度（即限制单事务访问的数据项的范围）和放宽一些事务性保证（如支持隔离级别弱于可串行化）之间进行选择。

这些系统大致可分为两类。一类将大部分事务（如果可能的话，全部事务）的执行限制到单个节点上。这类系统可以提供高效的非分布式事务执行，但是往往以限制应用架构或者数据访问模式为代价。这些系统依赖于托管（co-locate）数据项——主要是指经常在一个事务中被一起访问的数据。另一类系统允许事务跨多个节点。这些系统往往可以为应用程序提供较为灵活的事务接口，但是事务的执行代价可能很高。本章中，我们将对第一类系统的方法和机制进行综述，下章将讨论第二类系统。

除了事务执行高效之外，将事务限制到单个节点还能带来很多其他优势。首先，系统可以通过增加更多服务器来进行扩展，并且可以把事务负载分布到不同的服务器上。最小化分布式同步对实现线性可扩展性至关重要。其次，可以将故障带来的影响限制到在故障节点上运行的事务，并且可以最小化对其他节点的影响，这样，在出现故障的情况下，只是性能适当下降。最后，由于事务执行被限制到单个节点上，许多为优化事务执行性能而开发的技术也可以在这些系统中应用。

本章中，我们首先会分析如何利用不同的架构和数据访问模式来托管数据或所有权，从而在单个节点上执行事务（4.1 节）；所有权（ownership）是指节点对数据项的专有读写访问。数据或所有权的划分和托管是实现高效非分布式事务执行的关键的第一步。接下来主要讨论事务执行的不同技术（4.2 节）、物理数据存储（4.3 节）、数据复制（4.4 节）。最后，将讨论几个使用这些设计原则扩展事务处理的系统（4.5 节）。

4.1 数据或所有权托管

对在同一个事务内经常被一起访问的数据进行托管可以使系统高效地执行事务，而不会产生分布式同步。一种设计选择是利用特定的架构（schema）模式，并通过限制事务可以访问的数据项来设计符合这些模式的应用。另外一种设计选择是：通过分析应用程序访问模式对数据进行划分，在单个节点上对每个分区的数据进行物理托管。上述两种设计选择都静态地定义了事务访问的粒度并且对构成该粒度的数据进行托管。另外一种可选的设计方案是允许应用程序动态地确定事务访问的粒度，系统在指定应用程序分区上对所有权进行重新组织，从而允许事务在节点内部执行。本节中，我们将更为详细地讨论这些设计原则。

4.1.1 利用架构模式

适合于数据托管和划分的通用架构模式是对象或表的层次结构，这种层次结构是由访问数据项的事务构成的。本节中，我们将介绍 3 种不同的架构模式，并描述事务访问是如何被限制到单个节点上的。

树架构

图 4-1 中展示的树架构（tree schema）是一种常见的层次架构。这种架构支持三种类型的表：主表（primary table）、次表（secondary table）和全局表（global table）。主表构成树根；一个架构有一个主表，主表的主键也是分区键。然而，可以有多个次表和全局表。数据库架构中的每个次表都用主表的键作为外键。由图 4-1a 可知，主表中的键 K_p 在每一个次表中都作为外键出现。与主表和次表不同，全局表是只读的查询表。由于全局表的更新不是很频繁，因此，这些表可以复制到所有的分区中。

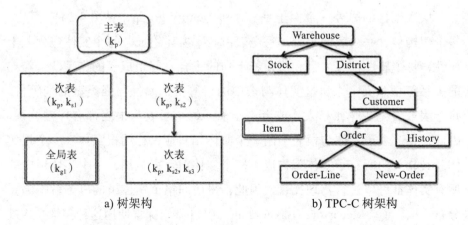

a) 树架构   b) TPC-C 树架构

图 4-1 树架构是典型的层次架构。TPC-C 测试集中使用的架构符合这种树结构

上述树结构表明主表中的每一行数据在次表中都有一组相关的行与其对应。这些在根表中引用相同键的行我们称为行组（row group）；在同一个行组中的所有行都可以托管在同一个数据库分区中。通过对事务加以限制，使其只能访问具有相同根表键的行，这样就可以确保事务在单一节点上执行。由于全局表可以在所有的分区中进行复制，事务就可以从全局表中读取任何数据项。引用相同数据库分区的行集就是由若干组相关的行组成的集合。

图 4-1b 显示了 TPC-C 架构 [TPC-C] 的树架构表示。TPC-C 架构中，Warehouse 表是该架构的根，其主键（w_id）是分区键，并且是所有其他次表的一部分。从图 4-1b 可以看出，TPC-C 架构有 7 个次表，构成一棵深度为 5 的树。Item 表示该架构中的全局表。根据 TPC-C 基准测试规范，大部分事务（约 85%）都访问相同 Warehouse 中的行，因此，这些事务可以限制到单个分区上。TATP 基准测试 [Neuvonen et al., 2009] 是另外一个符合树架构的案例。树架构适合使用架构中所有表共享的分区键进行分区。在 Elas-TraS [Das et al., 2010a] 和 H-Store [Kallman et al., 2008] 等系统中已经使用这种模式进行了数据划分。

实体组

层次架构的另外一个例子是实体组（entity group，见图 4-2a），其中，每个架构包含一个表的集合，每个表由若干实体组成。每个实体包含若干属性，每个属性都有名字和值；若干列的集合一起组成表的主键。从经典的关系模型意义上来讲，实体与表中的行等价，属性与强类型的列等价。每个表或者是实体组根表，或者是子表。每个子表与根表都有外键关系。因此，每一个子实体与根表中的一个实体相对应，称为根实体。一个根实体及其相关的所有子实体就构成了一个实体组。很显然，一个实体组内的所有实体都可以进行物理托管，因此，只访问单个实体组的事务就不需要分布式执行了。Megastore [Baker et al., 2011] 系统探索使用这种架构模式进行数据库划分，从而确保经常被一起访问的数据项可以托管。

图 4-2b 展示了一个照片分享系统的架构，其中，User 是根表，Photo 是子表；一个用户和其所有照片集合构成一个实体组。邮件（Email）、财务（account）、博客（blog）和地理数据（geographic data）等应用都可以用实体组进行建模。

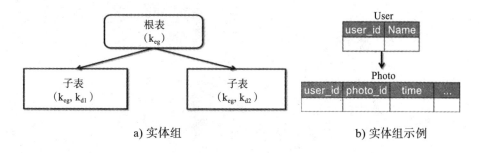

a) 实体组   b) 实体组示例

图 4-2　实体组是另外一个层次模式的案例

表组

由于树架构和实体组利用了层次结构，表组（table group）概念是强加了架构的数据托管设计模式的一种概化，表组由表的集合构成。一个表组可以有一个分区键（与树架构和实体组中的根表主键等价），这种表组可以称为主键表组（keyed table group）。然而，表组也可以是无主键（keyless）的，这样，与树架构和实体组相比，表组的结构就更通用、更加无定形。主键表组中的所有表都需要有一个称为分区键的列，该分区键在给定表中不必是唯一的。也就是说，分区键不一定是表的主键。表组中所有具有相同分区键的行构成行组。在主键表组中，一个数据库分区可以由若干行组的集合构成。

表组的所有数据项都可以被托管。通过限制事务只能访问单个实体组内的数据项，系统就可以消除分布式事务。这种抽象概念就构成了 Cloud SQL Server [Bernstein et al., 2011b] 逻辑数据模型的基础，Cloud SQL Server 是微软 SQL Azure 的数据后端。除了要求事务只能访问单个表组之外，对于主键表组，Cloud SQL Server 还要求事务只能访问单个行组。图 4-3 展示了一个有三张表的主键表组。如前所述，主键表组有一个层次结构，然而，一个表组不是一定要有层次结构。

地址

Id	Add_Id	Street	...
1	101	427 Abc	
1	102	721 Main	
2	104	112 1st	

客户

Id	Name	...
1	John	...
2	Mary	...

订单

Id	Oid	...
1	1001	
1	1002	
1	1003	
2	1010	

图 4-3　有分区列（ID）的主键表组。有相同分区键的所有行组成一个行组；不同的行组用不同的背景表示

讨论

这三种架构模式代表了同一类方法，该类方法允许数据托管，并且大部分事务只能访问同一个分区内的数据。需要注意的是，可以支持跨多个分区的事务，但是要以分布式同步为代价，同时，执行的代价也较高。除了无主键表组外，剩下的架构模式都定义了小的数据单元（行组和实体组），这些数据单元构成了一致性事务访问的基本单元（granule）。这些单元内部的数据项紧密耦合，而不同单元之间则比较松散。一个数据库分区将这些单元的集合组合在一起，而在无主键的表组中，表组本身就构成了一个分区。

在基于主键数据单元的设计中，主键也是单元标识的一部分。数据库可以通过划分主键来进行分区，主键划分可以利用哈希划分、区间划分，或者通过查找表来判断一个主键属于哪个分区。此外，单元之间的松散耦合允许系统动态地分裂和合并分区，但对应的范围是连续的。如果行在物理上是按照分区主键顺序存储的，这种分裂和合并比较高效，只需要较少

的数据移动。例如，在一个范围划分的数据库中，如果一个范围被分裂了，决定逻辑分裂点的主键直接对应于该分区物理分裂点的分界线。

4.1.2　访问驱动的数据库划分

虽然很多应用程序都可以符合特定的数据架构和访问模式，但是，还有些应用不一定适合这种划分方式。一种可选的设计方案是通过分析应用程序的访问模式，识别出要求大部分事务在单个分区内进行访问的数据项，这些数据项托管在一个分区内。核心思想是通过分析工作负载来对应用程序数据进行划分。Curino et al., [2010] 提出一种这样的方法，把应用程序的数据访问建模成一个图，然后利用常见的图划分技术对图进行划分，从而划分数据库。

应用程序数据库和工作负载表示成一个加权无向图。我们用图 4-4 中的一个简单应用来解释图的生成步骤。每个元组用图中的一个节点表示，在相同事务中被访问的元组用边进行连接，边的权重表示共同访问一对元组的事务数量。例如，在图 4-4 中，标识为 1 和 3 的元组被一个事务共同访问，因此，它们之间边的权重为 1。复制通过把 1 个节点替换为 $n+1$ 个节点来表示，其中，n 是更新该元组的事务的数量。例如，图 4-4 中，2 号元组由 5 个事务访问，因此表示成 6 个节点。连接每一个副本与中心节点的复制边的权重代表复制元组的代价，该代价就是工作负载中更新元组的事务的数量。使用更新数量作为复制边权重的基本原理是：当复制元组时，读操作可以在本地执行，但更新却变成了分布式事务。图结构允许划分算法通过最小化跨分区边界的边的权重来权衡复制的代价和收益。图划分策略启发式地最小化图分割的代价，同时对每一个分区的权重进行权衡。分区的权重由分配到该分区的节点的权重之和表示。

一旦数据库和相互操作建模成一个图，常用的图划分算法就可以用来把图分成 k 个不相交的分区，并使得割边（cut edge，即跨越不同割的边）的总代价最小化。本质上来看，就是把图划分问题定义成了最小化 $k-$ 割（k-cut）

[Goldschmidt and Hochbaum, 1988] 问题的变体。图分割算法也可以把分区权重保持在一个完美平衡的常数因子内，其中不平衡度是一个参数。由于边的权重代表访问次数，因此，图划分操作近似最小化分布式事务的数量，同时使数据均匀地分布在各个分区上。

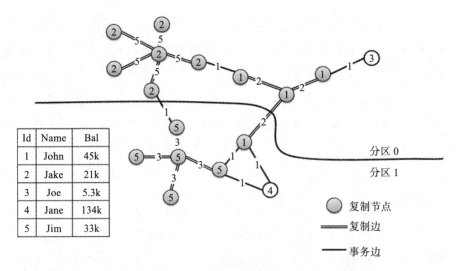

图 4-4　利用应用程序访问模式划分数据库，使用加权无向图对数据和访问进行建模

　　与范围划分或哈希划分相反，范围划分或哈希划分可以将入站请求路由到存储数据项的正确分区，基于图的划分需要额外的步骤来建立路由机制。一种可行的方法是存储一个有划分器（partitioner）输出的查找表。虽然查找表允许细粒度的划分，但是存储、查找和维护查找表的代价会很高，尤其对大规模数据库更是如此。另外一个可选的方案是可以学习一个行到分区的映射作为精简（compact）模型，如决策树。数据项的分区发现可以看成是一个分类问题，其中数据项是输入，分区标签是输出。分类器的训练阶段决定了分区发现规则，并将其表示成精简模型。给定一个无标签值，可以通过向下遍历决策树来找到标签，在每一个节点上应用谓词，直到找到一个标签叶子节点。查找表方案允许细粒度的划分，基于决策树的方案则会产生粗粒度的划分结果，同时会产生大部分分布式事务。最后的验证阶段决定了给定工作负载的最优策略。Curino et al., [2010] 展示了多种可扩

展优化方案，如元组和事务采样，合并经常被一起访问的元组，拒绝访问数据库大部分内容的大扫描。

4.1.3 特定于应用的动态划分

很多应用拥有静态的访问模式，因此，可以对数据库进行静态划分。在前面几节中，我们讨论了数据库的静态划分方法，即，托管在同一个分区中的数据项事先是知道的。然而，很多应用的访问模式演化很快，从而使得以访问模式为基础的静态划分的效果大打折扣。以在线多人游戏为例，一局游戏有多个玩家，并且在游戏进行过程中，应用要求对玩家资料能够进行事务性访问。例如，每个玩家资料可能有一个余额（真实货币或者虚拟货币），随着游戏的进行，所有玩家的余额必须进行事务性更新。

为了确保事务的高效执行，需要将玩家资料对应的数据项托管在一个数据库分区中。然而，玩家经常会更换游戏，因此，一局游戏持续的时间会比较短。并且，在一段时间内，一个玩家可能会参与多局游戏，每局游戏会有不同的玩家。随着时间的推移，应用程序需要进行事务性访问的数据项组变化会很快。在静态划分的系统中，参与到一局游戏当中的玩家资料可能分属于不同的分区。提供跨玩家资料组的事务访问保证会导致分布式事务。

动态定义分区上的高效事务访问需要一个抽象的轻量级的所有权（或数据）重新组织，从而最大限度地减少分布式同步。Das et al., [2010b] 使用键组（key group）概念提出了一种这样的设计。键组是应用程序的一个功能强大且灵活的概念，可以动态定义事务访问的粒度。数据存储中的任何数据项（或键）都可以作为键组的一部分。键组是暂时的，应用程序可以动态地创建或删除键组。例如，在多人游戏应用中，在一局游戏开始时创建一个键组，在游戏结束时删除该键组。在任何时刻，一个给定的键是单个组的一部分。然而，一个键可以参与到多个组中，其生命周期在时间上是分开的。例如，一个玩家在任何时刻只能参加一个游戏，但是可以在不同的时间段内参与多个游戏。

事务性保证只提供给是组一部分的键，并且仅在该组的生命周期内。数据存储中并非所有的键都是组的一部分。在任何时刻，多个键可能不是任何组的一部分；它们在概念上就形成了包含一个成员的组。每个组都有一个从组的成员键中选择的领导者（leader）；其余的成员称为追随者（follower）。领导者是组标识的一部分。然而，从应用程序的角度来看，针对领导者的操作与针对追随者的操作没有什么不同。为了便于描述，我们使用"领导者"和"追随者"两个词来指代数据项以及存储数据项的节点。

一旦一个键组形成，基于应用程序的语义，应用程序就可以在组的生命周期内执行很多事务，如果一个键组中的所有键都在单个节点上，系统就可以重新组织和托管所有键的所有权。例如，一个策略是所有的追随者都可以对领导者产生所有权。这种动态托管允许事务在一个单一的节点有效地执行。实质上，一旦应用程序指定了一个键组，键组创建阶段就会进行前期投入（创建键组时所需要的分布式同步），并希望有所回报，即在组的生命周期内，从事务的高效执行中获益。请注意，通过利用应用程序所表示的显式意图，键组中的键可以根据选择来确定是否被托管。

应用程序客户端（或客户）通过发送一个带有组标识和成员的组创建请求来发起组创建。组标识是系统产生的唯一标识和领导者主键的组合。组创建可以是原子的或尽最大努力的。原子组创建意味着要么所有的成员都加入该组，否则，如果任何一个追随者没有加入，该组就会自动被删除。最大努力创建利用加入到该组的任何键来构建组。数据项可能不会加入一个组，原因是该数据项是另外一个组的一部分（要求组不能相交），或者数据项的追随者节点不可达。Das et al. [2010b] 提出了键分组协议（key grouping protocol），该协议可以在出现故障的情况下安全地创建组。在键分组协议中，领导者是协调者，追随者是参与者或者支持者，领导者键可以由客户端指定，或者由系统选择。组创建请求路由到拥有领导者键的节点上。领导者记录下成员列表，并把加入请求（Join Request <J>）发送给所有的追随者（即拥有追随者键的每个节点）。一旦组创建阶段成功结束，客户端就可以在组上执行操作。当客户端想解散该组时，它就使用组删除请求来发起组删除阶段。图 4-5 展示了键组概念，其中，组成键组的键在物理上可以分布到很多节点上，但在逻辑上是被托管的，并属于该领导者。该键分组协议允许动态的所有权转让，同时，在出现故障的情况下，可以确保安全性和正确性。

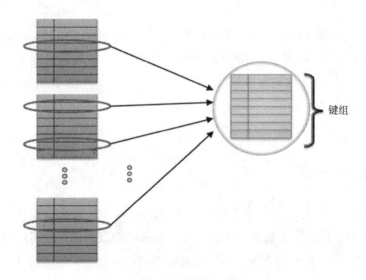

图 4-5　键组概念

确保动态所有权重组正确性的关键在于该协议能够在出现故障的情况下管理所有权转让。从概念上说，这样的从追随者到领导者的转让相当于领导者在追随者身上加锁。同样，相反的过程等价于释放锁。细节需要依赖于具体的实现，但是，一般来讲，键分组协议很容易让人联想到事务并发控制中的锁协议 [Eswaran et al., 1976, Weikum and Vossen, 2001]。区别在于，在键组中，锁由键组（即系统）所有，而在经典的基于锁的调度器中，锁归事务所有。

4.2　事务执行

　　上一节我们主要介绍了多种托管数据或所有权的技术（所有权是指事务访问的数据项的所有权）。一旦所有权是托管的，经典的事务处理技术（2.3节中讨论过）就可以用于高效的事务执行。然而，不同的系统在并发控制和恢复技术上的选择会有所不同。一方面，一些系统（如 Cloud SQL Server、Deuteronomy [Levandoski et al., 2011] 和 Relational Cloud）使用基于锁的并发控制技术，如两段锁。另一方面，有些系统（如 G-Store 和 ElasTraS）则使用乐观并发控制（OCC）。还有其他系统，如 Megastore 和 Hyder[Bernstein et al., 2011a]，则使用多版本并发控制技术。恢复一般是通过在事务提交之前记录下所有的操作来实现，在恢复时，基于 ARIES 类型的算法 [Mohan et al., 1992] 来重做所记录的操作。

4.3　数据存储

　　从概念上来说，高效的非分布式事务执行只要求对被托管在同一个节点上的事务进行访问的数据项进行读写。实际的物理数据存储可以是耦合的（或托管的）或者是非耦合的，接下来我们会讨论存储层的不同设计方法。

4.3.1　耦合存储

　　将存储与计算耦合在一起对于数据密集型系统来说已经成为一种经典的设计选择。其基本原理是数据与执行的耦合可以消除数据在网络之间的传输，从而改善性能。为了进一步提高性能，很多关系数据库管理系统（RDBMS）引擎甚至将事务运行逻辑与访问方法和恢复管理器耦合在　起。例如，在使用 ARIES 类型恢复 [Mohan et al., 1992] 的系统中（很多商业的或开源的关系数据库系统），一个日志序列号被分配到更新的页面，这样就可以将数据库页与对应的日志记录连接在一起。

　　作为将一个事务内共同访问的数据项的所有权进行托管的副作用，数据存储和所有权也可以耦合在一起。即，托管在一个事务内的数据项在物理上也托管在一个分区上为事务提供服务的同一个服务器内。这种设计方案经常应用于对经典的 RDBMS 进行改造和扩展的系统中，如，Cloud SQL Server 或者 Relational Cloud，这样只需要对事务和资源管理器进行最小的修改。

4.3.2　解耦存储

普通服务器中内存容量的不断增大和低延迟、高吞吐数据中心网络的广泛出现，允许另外一种设计方案，其中，数据所有权和数据的物理存储解耦合。这种解耦的理由是：对于大多数高性能事务处理系统来说，工作集合很可能缓存在内存中，并在内存中得到服务。对于因服务缓存未命中而产生的对存储层的偶尔访问，高速网络使得本地磁盘访问与远端磁盘访问之间的差异微乎其微。

另外，将存储与所有权和事务处理逻辑解耦也有很多好处：（1）能够带来更简单的设计，并且可以使存储层集中处理容错，而所有权层可以提供更高级别的担保，如事务性访问不需要担心复制的需要；（2）根据应用程序的需求，允许所有权层和数据存储层独立扩展；（3）为了弹性缩放和负载平衡，允许轻量级的控制迁移，只需要迁移所有权就够了，不需要迁移数据。

在文献中已经探讨了两种可供选择的解耦存储设计。在第一类系统中，事务管理层控制着物理布局和数据格式，而存储层则提供了一个分布式的、复制块存储设备的抽象。另外一种设计方案是存储层在物理数据布局、格式和访问路径方面是自我管理的，并且对事务管理层隐藏这些细节，事务管理层在逻辑层次上与存储层相连接。

受管理存储层

一种可选择的设计选项是将解耦的存储层作为一个分布式和复制的块

存储抽象，与分布式文件系统类似，如谷歌文件系统（Google File System）[Ghemawat et al., 2003] 和亚马逊的 S3。这样的设计将事务管理和存储层的设计复杂性进行了划分。虽然事务管理层不一定需要知道物理数据的分布和划分，但是数据复制、访问方法、并发控制和恢复必须由事务管理负责处理。另一方面，存储层可以有效地处理复制、地理分布、容错，并且在没有事务或索引结构任何信息的情况下，存储层也可以有效地处理数据访问与存储之间的负载均衡。

文献中提到过的很多系统都选择了这种设计方法。这类系统包括 Elas-TraS、G-Store 和 Megastore。在所有的系统中，所有权托管在一个服务器上，该服务器对数据项有唯一的读写访问。为了允许高效和非分布式事务的执行，通过将数据和更新缓存在执行该事务的节点上，这些系统与解耦存储层交互的次数进一步减少。这些更新异步地传播到存储层，也可能是批量传播。图 4-6 展示了该类系统的高层架构。如图所示，存储层和由事务管理层管理的分布式磁盘集合等价。不同的系统采用不同的方法来进行更新传播，这依赖于在事务执行和寻求恢复保证中使用的日志机制。例如，如果所有的更新都缓存在执行事务的节点中，那么，该节点故障可能导致大部分最近更新不可用，或者如果节点不能恢复，这些更新也可能完全丢失。另一方面，如果更新存储在复制的日志中，那么，即使事务管理器节点不能恢复，更新也不会丢失，但是这样会导致日常操作的代价较高。稍后我们具体讨论系统时，将在本章中对这种权衡进行详细讨论。

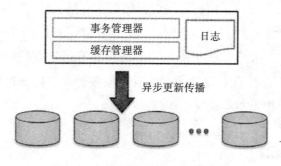

图 4-6 解耦存储架构中的更新传播

自管理存储层

另一种可选的设计选择是为存储层提供更多的自主权，从而可以决定物理布局、访问方法等。使事务层不了解物理数据布局和结构的一个主要好处是事务管理层可以跨不同的存储格式。事务管理器工作在逻辑数据单元的粒度上。例如，一个事务可以访问存储在关系存储中的一个数据项，也可以访问存储在图存储的另外一个数据项。为了允许这样的灵活性和物理数据独立性，事务层和存储层必须使用一个能展示逻辑数据单元的定义良好的 API 进行交互。Deuteronomy 展示了一个自我管理的、解耦架构的例子，其中，存储层（称作数据组件）完成自己的并发控制和物理数据结构的恢复，而事务层（称作事务组件）主要负责事务执行、事务级别的封锁和逻辑恢复。

4.4　复制

事务执行与数据复制通常是正交的；系统处理数据复制的方法又为设计增加了另外一个维度。例如，复制可以是异步的或同步的；它可以是以主副本为基础的或者是多主复制的（multi-master）。不同的选择在一致性、可用性、性能（尤其是正常操作下的延迟）和出现灾难性故障或副本完全丢失情况下数据的持久性等方面提供了不同的权衡。设计方面的各种权衡和系统选择的特定复制技术需要进行更为详细的讨论，不过这超出了本章内容的范围。本节我们主要关注有关复制的另外一个方面，即复制是由事务管理层显式完成还是由数据存储层隐式完成。

4.4.1　显式复制

复制数据的一种选择是使事务管理器清楚复制机制，从而使得在事务执行时事务的更新操作可以显式地复制。这种复制可以是主副本复制，或者是多主复制。多主复制技术可以这样使用，访问分区的写事务可以在独立的副本上执行，每一个副本都可以作为一个主副本。然而，这种多主复制的情况往往只能为允许副本在不需要同步的情况下独立地处理更新提供弱一致性保证。为了容忍数据不一致性，弱一致性保证反过来会导致复杂的应用程序逻辑。另一方面，主副本复制机制在一个主副本上执行更新操作；然后，更新（也称为下游更新）将按照执行的先后顺序被复制到次副本上。为了同步地更新次副本，下游更新可以在主副本上的事务提交之前应用到次副本上。通常情况下，主副本会等待更新被复制，也会等待来自次副本的仲裁集，而不是所有次副本的确认。这样就可以使事务响应时间最小化，同时，在次副本出现故障时，也可以避免更新阻塞。Cloud SQL Serve 和 Megastore 都使用了这种复制机制。

同步、显式的基于主副本的复制技术的一个好处就是在主副本故障时，可以确保高可用性。至少有一个次副本可以看到来自己提交事务的所有更新，选择其中一个副本作为主副本不会造成更新丢失。然而，需要一个基于共识的协议来选择新的主副本；在这样的重新配置中，经典的领导者选举协议及其变体可以确保正确性。另外一个优势是副本可以处理新数据上的只读事务，并提供弱隔离级别，如快照隔离 [Berenson et al.,1995]。此外，当使用以仲裁集为基础的复制机制时，少数的副本可以放置在地理上分布的数据中心，以允许灾难恢复。如果副本的仲裁集托管在一个数据中心内，这样的地理复制不会增加事务延迟。另外，如果所有的副本都是地理上分布的，如在 Megastore 中，这就会增加事务的延迟，主要原因是由于联系次副本所花费的时间增加，从而导致主副本提交推迟。

4.4.2　隐式复制

另外一种可选的数据复制设计方案是复制管理对事务执行来说是透明的，即事务执行逻辑不知道任何复制协议。事务所做的更新可以在事务执行期间同步复制，或者在事务执行完成后异步复制。解耦存储架构比较适合这种复制机制，其中，复制处理与事务执行是透明的；类似的系统包括用于数据中心中的复制的 ElasTraS、G-Store 和 Megastore。

存储层的隐式复制可以复制数据页（或数据块）或者复制事务日志。例如，事务日志可以存储在解耦的存储中，并且在事务提交时强制保存，这样就会导致底层数据存储层对更新进行同步复制。虽然这种同步复制机制会增加事务延迟，但是，在事务管理层出现故障的情况下，同步复制机制可以恢复事务的状态。另一方面，在耦合存储架构中，物理日志记录或逻辑更新的异步传输可以用于隐式复制。然而，在执行事务的服务器发生永久故障时，这种异步更新传播机制可能会造成日志尾部丢失。

4.5　系统综述

到目前为止，本章重点对设计空间中的各个维度进行了抽象。原则上来说，把数据访问托管到单个节点的事务处理系统可以通过组合前面讨论过的设计方案来进行设计。在本章的后续内容中，我们将对比较有代表性的系统进行综述，介绍其架构细节，分析这些系统是如何将不同的设计方案组合到端到端系统中的。

4.5.1　G-Store

G-Store[Das et al., 2010b] 可以支持对动态定义的键组的高效事务性访问。G-Store 定义在键–值存储（如 Bigtable）之上。通过支持特定应用程序的动态定义的数据库分区，G-Store 为 Megastore 和 ElasTraS To 所支持的静态定义的层次架构模式提供了一种替代方案，允许在键组生命周期内高效地执行事务。G-Store 使用键分组协议把一个键组的成员的所有权转移到成为数据逻辑所有者的单个节点上。由于键组是按需生成的，为了在键组生成和删除的过程中使数据移动的代价最小，G-Store 使用了解耦存储架构，其物理存储架构由事务管理层负责管理。一旦键组已经生成，所有权被托管，G-Store 就使用乐观并发控制和事务操作日志来恢复。G-Store 在事务提交之前将事务的更新操作记录到分布式存储中，这样就允许系统可以容忍领导者失效并可以使领导者的状态从该日志中恢复。组提交和异步更新传播技术提高了事务吞吐量。G-Store 在底层的键 – 值存储上依赖于隐式复制。

在最简单的情况下，假设可靠消息传递和无节点故障，键分组协议本质上是追随者节点与领导者节点之间的一次握手，从而把追随者键的所有权转移给领导者节点。然而，节点之间的可靠消息传输保证和消息故障往往代价高昂。例如，类似 TCP 的协议仅仅在活动的连接上提供可靠传输和顺序保证。然而，组创建需要提供跨连接的可靠传输。因此，在出现节点故障或网络分区的情况下，仅仅使用 TCP 协议无法提供消息传输保证。此外，在大型分布式系统中，节点故障非常常见，所有权转换和组管理必须能够容忍此类节点故障。键分组协议不需要任何消息传输保证，但是能够确保节点出现故障时的正确性。该协议的基础与一次握手类似，经常用在原子提交协议中，如 2PC 或者 TCP 连接设置；额外的消息、唯一标识符和日志也加进来，用于从各种故障情况下进行恢复。

图 4-7 展示了在稳定状态下，拥有不可靠消息的协议会产生两个额外的消息，一个是在创建时产生，一个是在删除时产生。在组创建过程中，除了通知一个键是自由的还是一个组的一部分之外，消息 <JA> 还可以作为 <J> 请求的确认。收到 <JA> 之后，领导者发送一个 Join Ack Ack<JAA> 到追随者，<JAA> 的接收者完成该追随者的组创建阶段。组创建阶段包括两个阶段，与负责事务提交的 2PC 协议类似。其差别源于这样一个事实：键分组协议同时允许最大努力组创建（best effort group creation），而 2PC 则与原子组创建等价。组解散时，领导者给追随者发送一个删除请求 <D>。收到 <D> 之后，该追随者重新获得键的所有权，然后向领导者回复一个删除确认消息 <DA>。收到来自所有追随者的 <DA> 消息之后，组删除完成。

组创建请求。接收到来自客户端的组创建请求之后，领导者对唯一组标识的请求进行验证。该领导者往日志中增加一个条目，该日志存储了组标识和组中的成员。日志条目被记录以后（刷新到持久性存储中），领导者发送 <J> 消息到每一个追随者节点。<J> 消息不断重试，直到领导者从追随者接收到一个 <JA> 消息。

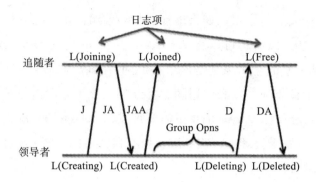

图 4-7　主键分组协议，实现物理上分布的数据在逻辑上托管

加入请求 <J>。收到一个 <J> 请求之后，追随者确定消息的新鲜度和唯一性。如果检测到消息是重复的，那么，追随者就发送一个 <JA> 消息，而不会添加任何日志记录。否则，如果追随者键不是任何活动组的一部分，该追随者就添加一个日志记录，表示所有权转移和领导者键标识。所有权转移是对系统元数据的一个更新，追随者的日志可以持久化地存储该信息。该日志记录在发送回复之前必须先保存。追随者的状态设置为加入中（joining）。追随者回复一个 <JA> 消息，表示同意。为了处理虚假 <JAA>消息和消除幻影组（phantom group）的问题，追随者应该能够将 <JAA> 消息与对应的 <JA> 消息连接起来。这可以使用由追随者产生的、称为 yield id 的序列号来实现。一个 yield id 与一个追随者节点相关联，并且是单调递增的。追随者每发送一个新的 <JA> 消息，yield id 就增加一次，并且和记录 <J> 消息的项记录在一起。yield id 和组标识一起被复制到 <JA> 消息中。<JA> 一直重试，直到追随者收到 <JAA> 消息。重试可确保幻影组肯定会被发现。

加入确认 <JA>。收到一个 <JA> 消息之后，领导者就会检查组标识。如果该组标识与目前处于活动状态的任何一个组的标识都不匹配，该领导者就会发送一个 <D> 消息，并且不记录该动作，也不会重试该消息。当消息是一个延迟的消息，或者追随者产生一个延迟消息 <J> 时，此事件的发生是有可能的。无论在何种情况下，一个 <D> 消息足够了，并且也可以删除任何已经形成的幻影组。如果组标识与当前组匹配，那么，领导者将发送 <JAA> 消息，该消息可以将从 <JA> 产生的 id 复制到 <JAA>，而不论 <JA> 是否是重复的。如果这是该组从追随者接收到的第一个 <JA> 消息，就会增加一个日志项，以表明追随者已经加入该组；但是，领导者不一定需要记录该日志项。<JAA> 消息不需要重发，<JAA> 消息的丢失可以通过 <JA> 消息的重发来处理。接收到来自所有追随者的 <JA> 消息后，就会中止领导者的组创建阶段。

加入确认的确认（JAA）。 收到一个 <JAA> 消息之后，追随者将检查组标识和 yield id，从而确定消息的新鲜度和唯一性。如果消息中的 yield id 与预期的 yield id 不匹配，那么，该 <JAA> 消息就会被视为假消息并被忽略。这就避免了幻影组的出现。一个延迟的 <JAA> 消息会有不同的 yield id，原因在于其对应于较早的组。因此，追随者将会把它当作假消息而拒绝，从而避免幻影组的出现。如果检测到消息是唯一的，并且是新的，那么，该追随者的键状态被设置为已加入（joined）。追随者节点将记录该事件，这也就为追随者完成了组创建过程；而日志项不一定需要强制。

组删除请求。 当领导者从应用程序客户端接收到组删除请求后，将为该请求记录日志，并启动将所有权归还给追随者的进程。领导者将为组中的每个追随者发送一个 <D> 消息。<D> 消息将一直重发，直到接收到所有的 <DA> 消息。此时，该组已经被标记为删除，领导者也会拒绝未来任何访问该组的事务。

删除请求 <D>。 当追随者接收到 <D> 消息时，会对该消息进行验证，并为验证成功的消息添加一个日志条目。此日志条目表示它已重新获得键的所有权。由于重新获得所有权是系统状态的一种改变，因此，增加此条目后，日志会强制执行。不论 <D> 消息是重复的、陈旧的、虚假的或有效的，该追随者都将回复 <DA> 消息；该 <DA> 消息不会重发。

删除确认 <DA>。 接收到 <DA> 消息后，领导者将检查消息的有效性。如果这是来自组中那个追随者的第一个消息，并且组标识与一个活动的组相匹配，那么，就会增加一个日志条目，以表明数据项的所有权已经成功地返还给追随者。一旦领导者收到来自所有追随者的 <DA> 消息，组删除阶段将中止。此协议操作上不一定需要日志。

Das [2011] 对不同的故障场景进行了详细的分析，从而表明该协议的正确性，并且在出现不同类型故障的情况下也能确保安全性；同时也介绍了在组生命周期的任何一个时间点，从不同类型的故障中进行恢复的细节。

键分组协议可以在组生命周期的任何时间点处理数据项加入和离开键组。键组的概念可以更加一般化。键组是一个数据项的集合，一个应用程序可以在其上寻求事务性访问。该集合在组的生命周期内可以是动态变化的，因此，当组处于活动状态时，就允许数据项加入或离开组。当事务正在执行时，只为特定的数据项提供事务性保证，这些数据项必须是组的一部分。如前所述，新的组可以形成，组可以在任何时间被删除。键组仍然要保持不相交，即没有任何两个并发的键组拥有相同的数据项。

从概念上来讲，键分组协议独立地处理组数据项的加入和删除；这些请求是批处理的，从而可以提高性能。因此，键分组协议保持不变，以支持这一广义的键组概念。当一个应用程序要求一个数据项 k 加入一个已经存在的组中时，为了使 k 加入该组，领导者将执行键分组协议的创建阶段。当 k 离开组时，领导者需保证 k 目前没有被任何活动的事务访问，并且 k 的所有更新都已经传播到追随者节点。然后，领导者就执行删除阶段，使 k 离开该组。

总之，G-Store 使用了特定应用的动态划分机制，并使用了键分组协议，以动态地转移所有权，从而将事务限制到单个节点上；从概念上讲，一个键组可以映射到一个动态定义的分区。它在解耦存储架构下使用了乐观并发控制，该解耦存储架构使用的是由存储层管理的隐式复制。

4.5.2　ElasTraS

ElasTraS[Das et al., 2009, 2010a] 是一种弹性的、可扩展的事务处理系

统，主要提供 OLTP 类型的类关系数据库管理系统的功能，并且能够扩展到普通服务器集群上。ElasTraS 将数据库视为数据库分区的集合。这些分区构成了数据分布、事务访问和负载均衡的粒度。对于较小的应用程序数据库（正如在服务于大量小应用程序的多租户平台中看到的），数据库完全可以包含在一个分区内。然而，对于那些数据需求超过单个分区的应用程序来说，ElasTraS 可以通过将经常被一起访问的数据项进行托管，提供架构级别的分区。具体来说，ElasTraS 可以利用层次架构模式对大型应用程序的数据库进行划分。ElasTraS 设计用于服务成千上万个小租户，也可以用来服务一些不断变大的租户。ElasTraS 基于解耦存储架构，从而支持轻量级的弹性扩展。事务管理器层管理物理布局和索引，而存储层则管理复制和数据放置。

从微观尺度上来看，ElasTraS 将多个租户合并在一个相同的数据库进程中可以在多个小租户之间实现有效的资源共享。通过将租户数据库限制到单个进程，可以获得较高的事务吞吐量，从而避免分布式事务。对负载不经常发生变化的租户，为了确保弹性扩展和负载均衡，ElasTraS 利用低代价的活动数据库迁移。这就允许 ElasTraS 将多个租户强行合并到少数节点集合上，同时也能保证按需扩展。

从宏观尺度上来看，为了协调操作，ElasTraS 在节点之间使用松散同步，为了确保故障过程中的安全性，使用了严格的故障检测和恢复算法，同时还采用了能够实现自动负载均衡和系统弹性的系统模型。

我们从四个层次来介绍 ElasTraS 的架构，如图 4-8 所示，从下往上依次为：分布式容错存储层、事务管理层、控制层和路由层。

分布式容错存储层：存储层或者称为分布式容错存储层（DFS）是一个用于存储持久化数据的网络可寻址的存储概念。该层是复制存储管理器，确保持久化写操作和强副本一致性，同时，在故障出现情况下保证数据的高可用性。这种存储概念在目前的数据中心中很常见，如商业化产品（存储区域网络）、可扩展的分布式文件系统（Hadoop distributed file system, HDFS）、定制解决方案（亚马逊的弹性块存储或 Hyder 的存储层）。高吞吐和低延迟的数据中心网络可以以较低的代价从存储层读取数据；然而，强副本一致性会使写操作的代价较高。ElasTraS 最小化 DFS 访问的次数，从而减少网络通信并提高整体系统性能。我们可以使用一个多版本、只增加的存储架构来实现更多并发读，并大大简化在线迁移，从而实现弹性扩展。

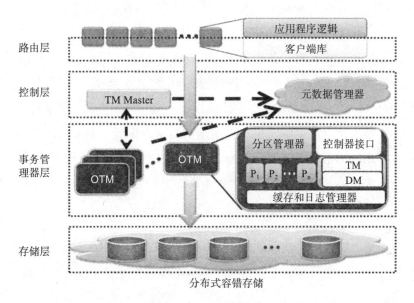

图 4-8　ElasTraS 架构

事务管理层。该层由一个称为 Owning 事务管理器（Owning Transaction Manager, OTM）的服务器集群组成。OTM 与经典的 RDBMS 中的事务管理器相似。每个 OTM 服务数十个到数百个分区，它有唯一的所有权。一个 OTM 服务的分区数量主要依赖于总的负载。一个分区的专有所有权允许一个 OTM 缓存一个分区的内容，而不破坏数据一致性，同时可以将事务执行限制在单个 OTM 内，并且可以进行优化，如快速提交 [Weikum and Vossen, 2001]。每个分区都有自己的事务管理器和共享数据管理器。所有的分区共享 OTM 的日志管理器，该管理器维护事务提交日志。日志共享最大限度地减少了对共享存储的竞争访问的数量，同时允许进一步的优化，如分组提交

[Bernstein and Newcomer, 2009, Weikum and Vossen, 2001]。为了允许从 OTM 的提交故障中快速恢复以及保证高可用性，需要将 OTM 的提交日志存储在 DFS 中。即使是在完全失效的情况下，这样也可以恢复 OTM 的状态。

控制层。该层包含两个组件：TM master 和元数据管理器。TM master 监视 OTM 的状态，并维护总体系统负载和性能建模的使用统计数据。TM master 负责将分区分配给 OTM，检测 OTM 故障并进行恢复，控制弹性负载均衡。另一方面，MM 负责维护系统状态，确保正确操作。元数据包含租约、监视和系统目录，其中租约可以分配给每个 OTM 和 TM master，监视是一种将变化通知给租约状态的机制，系统目录是从分区到目前服务该分区的 OTM 的一个权威映射。租约需要以一个固定的时间周期唯一地授予一个服务器，并定期更新。由于控制层只负责存储元信息和进行系统维护，它不在客户端的数据路径中。MM 的状态对 ElasTraS 的操作至关重要，并且，为了获得高可用性，需要对 MM 状态进行复制；TM master 则是无状态的。

路由层。ElasTraS 动态地把分区分配给 OTM。并且，为了实现弹性负载均衡，在一个实时系统中，数据库分区可以按需迁移。路由层，即应用程序相连的 ElasTraS 客户端库，可以隐藏连接管理和路由逻辑，并将系统动态性从应用程序客户端中抽象出来，同时维护到租户数据库的非中断连接。

Das[2011] 对 ElasTraS 的实现提供了更多细节，如事务、日志和缓存管理，OTM、TM master 和 MM 故障的检测及恢复，还有一些高级特性，如多版本数据和动态分区。ElasTraS 有效利用了可扩展的键–值存储系统的设计原则以及事务处理方面数十年的研究成果，从而产生了一个具有事务语义的可扩展的数据库管理系统。

总之，即使将事务限制到单个节点，ElasTraS 也可以使用层次树架构来提供丰富的操作。对于小型应用程序，ElasTraS 对架构或事务访问的数据不做任何限制。它对于在一个 OTM 内部执行的事务采用乐观并发控制。

存储与事务管理解耦，数据复制由存储层隐式处理。这种解耦存储概念使得 ElasTraS 可以很容易地迁移实时数据库分区，而不会对服务造成严重的中断 [Das et al., 2011]。

4.5.3　Cloud SQL Server

Cloud SQL Server [Bernstein et al., 2011b] 使微软的 SQL Server 适应于云计算环境并且通过对数据库进行分区实现扩展。Cloud SQL Server 是两个大规模 Web 服务的后端存储系统：Exchange Hosted Archive（电子邮件和即时通信库）；SQL Azure，作为 Windows Azure 存储平台一部分的关系数据库服务。

Cloud SQL Server 将事务限制在单个数据库分区，并使用表组架构模式支持丰富的事务，同时可以避免两阶段提交。每个数据库分区都被复制。在任何时刻，每个数据库分区只有一个副本被指定为主副本，负责执行访问该分区的所有事务。来自于主副本上执行的事务的更新可以使用一个客户复制机制被复制到次副本上，该机制是主副本复制机制的变体。Cloud SQL Server 中的每一个数据库节点是一个经过修改的 SQL Server 实例，它在同一个数据库进程中服务于多个分区。每个节点可以为一些数据库分区提供主要服务，也可以为其他分区提供次要服务。

图 4-9 展示了 Cloud SQL Server 的架构。客户端应用程序通过协议网关访问 Cloud SQL Server，协议网关需要验证用户访问，并把用户连接绑定到正被用户访问的数据库节点上。网关为正在被访问的分区定位主副本，并在因发生故障或系统重置而造成选择新的主副本时重新进行选择。运行在每个数据库节点上的 SQL Server 实例可以服务多个用户数据库（或分区）。对每个分区的访问需要与托管在相同 SQL Server 进程的其他分区相隔离。托管分区共享许多内部数据库结构和一个常见的事务日志。高可用性是由一个称为分布式结构的（distributed fabric）高可靠的系统管理层提供的，该结构实现了集群管理、故障检测与恢复和领导者选举。该分布式结

构在其内核使用分布式哈希表来实现系统管理功能。

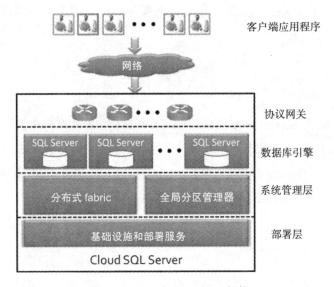

图 4-9　Cloud SQL Server 架构

　　分区到数据库节点的映射由一个称为全局分区管理器的高可用目录服务负责维护。该分布式结构负责监视服务器，当检测到故障时，该结构就会恢复分区，并用分区副本的新位置来更新分区管理器。系统中的最底层（称为基础设施和部署服务）主要负责提供和部署任务，如升级 SQL Server 实例，对在一个节点上执行的软件二进制代码文件进行镜像。

　　一个事务 T 在 T 所访问的分区的主副本上执行。当更新发生时，主副本会将这些更新操作传递到次副本。这些更新操作可以充当逻辑重做记录。一旦 T 中止，次副本就会得到通知，同时也会丢弃与 T 对应的任何更新。如果 T 提交了，那么，主副本就会分配一个提交序列号，该序列号可以决定次副本应用由 T 所作的更新的顺序。一旦一个次副本完成了应用 T 的更新，它将发送一个确认消息给主副本。一旦主副本从副本仲裁集接收到确认消息，那么，主副本就会写入一个持久化的提交记录。在向主副本进行确认之前，次副本不需要将 T 的更新写到日志中。即，当 T 在主副本上提交时，必须确保法定数量的服务器有该提交的副本，但是，并不需要有该提交记录的持久化副本。如果分区的副本不太可能遇到关联故障，这种复制机制就需要提供一个令人满意的容错度，同时通过不要求次副本上的持久化来最小化事务延迟。在需要容忍服务器故障的情况下，次副本需要在通知主副本之前保存提交记录。Bernstein et al. [2011b] 对复制协议和各种优化进行了更为详细的描述。

总之，Cloud SQL Server 使用层次架构模式和表组概念来提供丰富的功能，同时把事务限制到单个数据库分区上。它使用了经典的 RDBMS 引擎，该引擎依赖于基于两阶段封锁的并发控制机制，并将存储与事务管理耦合在一起。数据复制由事务管理层显式处理，因此，就需要一个自定义的以仲裁为基础的提交协议，从而实现同步复制。

4.5.4 Megastore

Megastore [Baker et al., 2011] 是一个可横向扩展的数据存储系统，主要设计用于向地理分布系统中的小粒度数据提供事务性访问。为了横向扩展，Megastore 把数据划分到一个巨大的小型数据库空间，其构成了事务访问的粒度。Megastore 使用层次架构结构——实体组，这构成了 ACID 事务和复制的粒度。每个实体组都有自己的复制日志，该复制日志存储在一个 Bigtable 实例中。每一个实体组的日志都可以同步地复制到地理分布的数据中心中，这需要使用基于 Paxos consensus 算法的容错复制协议 [Chandra et al., 2007, Lamport, 1998]。这种跨数据中心的复制允许 Megastore 容忍数据中心级别上的间歇性或者永久性中断，并为应用程序级别的读和写提供高可用性。

数据存储和托管。Megastore 提出了实体组概念，其中，应用程序可以把在单个事务中经常被一起访问的相关数据组合在一起。层次架构结构允许在底层 Bigtable 实例中进行物理数据托管，Bigtable 实例可以存储与一个实体组对应的数据。图 4-10 展示了物理托管，其利用了图 4-2b 中描述的图片共享应用程序模式。Bigtable 的列名是 Megastore 表名和属性名的连接，这样就可以使来自不同 Megastore 表的实体无冲突地映射到相同的 Bigtable 行。根实体的 Bigtable 行存储了事务和复制元数据，以及实体组的事务日志。Megastore 将所有的元数据都存储在单个行中，这样就可以使用 Bigtable 的单行事务 API 来更新或者读元数据。对于非根实体对应的行，该 Bigtable 行的键可以通过连接根实体的键和非根实体的键来构成。在图 4-10 中，对应于实体组的行由相同的背景颜色来标识。根据实体组大小的不同，它的所有数据都可以托管在单个 Bigtable 表中。此外，一个实体组的连续主键空间在 Bigtable 中也适合区间划分。

Row key	User.Name	Photo.Time	Photo.Tag	Photo.URL
501	John			
501,101		12:34:56	Pisa, Italy	http://img.ur/asjkh
501,102		12:56:34	Rome, Italy	http://img.ur/KGGsa
551	Jane			
551,151		11:22:33	New York, USA	http://img.ur/hgFDF
551,152		11:33:44	Santa Barbara, USA	http://img.ur/BBA7t
551,153		11:44:55	Seattle, USA	http://img.ur/kajhs1

（实体组 1：501, 501,101, 501,102；实体组 2：551, 551,151, 551,152, 551,153）

图 4-10　Megastore 的存储布局。实体组的层次结构被用来托管 Bigtable 中的数据

实体组内部的事务执行。通过在 Bigtable 之上引入自己的库，Megastore 可以对访问单个实体组的事务提供 ACID 语义。Megastore 依赖于 Bigtable 层的多版本功能来实现实体组上的事务的多版本并发控制。基于时间戳的协议可以决定给定 Bigtable 单元格中的哪些值可以读或者写。事务是乐观执行的，并在完成时进行验证，用来确定它们是否成功提交或者由于冲突的并发事务而中止。写事务从读取最近提交的事务的时间戳开始。一个事务所造成的所有变化都会被收集到一个日志条目中，该日志条目会被分配一个比该事务的读时间戳大的时间戳。如果从一个事务的读时间戳开始，日志中没有再添加其他事务的日志条目，那么，该事务就可以提交。当多个并发的写事务想添加日志时，只有一个事务会成功，而剩下的其他事务则被中止，而且还必须从读阶段重新开始。需要注意的是，该要求在

一个实体组中连续执行事务，从而消除任何更新的并发。这样设计的基本原理是，许多应用程序不会同时更新一个实体组。事务日志记录成功添加之后，来自于已提交事务的写操作就会生效（或者变得对其他事务可见）。

多版本特性和时间戳的显式管理使得读和写可以独立执行，而不会相互影响。这种独立性是有好处的，原因在于在很多应用场景中，读操作会主导写操作。并且，Megastore 可以提供多种隔离级别的读操作：当前的、快照和不一致的。在一个实体组范围内可以支持当前读和快照读。当前读保证可以看到所有在发起读操作前已经提交的事务的写操作。快照读不提供新鲜度保证，但是可以确保看到过去的一个事务的所有写操作；该系统可以选择任何其写入已应用到数据存储区中的已提交的事务。不一致读会忽略日志状态，并且直接从数据存储中读，因此，可以从一个部分应用的事务或者跨数据库多个版本的更新中返回更新。这种不一致读对于有进一步延迟要求的操作来说是有用的。

使用基于 Paxos 的协议进行日志的同步复制。在一个实体组上执行的更新事务的日志记录可以在地理上分布的数据中心中同步地复制到实体组的副本。复制协议为存储在底层副本中的数据提供了一个单一的一致视图。图 4-11 展示了 Megastore 的复制架构，该架构是 Bigtable 之上的一个分层的库。

Megastore 使用 Pasox 协议来减少提交一个写事务所需的跨数据中心的次数。不是每一次事务提交都会执行 Paxos 的准备阶段，Megastore 使用了隐式领导者的概念，准备阶段实际上是受到先前成功的共识回合的支持。即，Megastore 为每个日志位置执行一个独立的 Paxos 实例，然而，每个日志位置的领导者是一个重要的副本，该副本与前面的日志状态的一致性值一起被选中。第一个向领导者提交值的写操作者有权要求所有的副本接受该值；所有其他的写操作必须依靠两阶段 Paxos。为了尽量减少写操作者到领导者的通信开销，领导者经常被放置在大多数写操作被发起的数据中心。

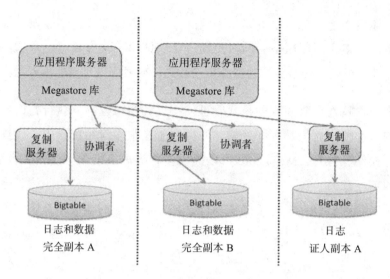

图 4-11　Megastore 架构

　　由于 Paxos 一致性协议只需要来自大多数副本的确认，一个副本可能会落后于最近的更新。联系大多数副本来处理一个读操作，可以确保返回最近更新的值，但是，这会使读操作的代价变得更高。Megastore 使用一个称为协调者的服务，相对于每个数据中心的副本来说，该协调者位于本地，并可以追踪一个实体组的集合，实体组的副本可以观察到所有 Paxos 写操作。对于被跟踪集合中的实体组来说，本地副本有足够的状态来服务本地读。协调者服务是一种优化，可以在正常操作期间改善读延迟。然而，在出现网络分区的情况下，保证读操作的一致性需要一组额外的协议。Megastore 中的协调者必须从运行在远程数据中心的 Chubby 实例 [Burrows, 2006] 中获得远程租约。如果一个协调者由于系统崩溃或者网络分区而失去了大多数锁，它将使其状态恢复到保守的默认状态，并将其范围内的所有实体组渲染为过时的。Patterson et al. [2012] 表明 Paxos 实现是正确的，即，确保了单副本的可串行性，但是这样做需要以串行化地执行所有事务为代价。基础的 Paxos 然后被加强为一个称为联合推广 Paxos 的新协议（Paxos-PC），它可以提供真正的事务并发，但是只需要和基础 Paxos 协议相同的单实例消息复杂度。

Megastore 支持 3 种不同类型的副本。可以支持读写的副本称为完全副本（full replica）。完全副本存储数据和日志，同时在事务提交过程中也会参与投票。只写副本又称为证人副本（witness replica），在 Paxos 轮投票，并存储预写式日志（write-ahead log），但是并不会把更新应用到日志。当太多的完全副本不可用，从而不能形成仲裁集时，证人副本就可以充当决策者的角色。证人副本不会服务读操作，因此也不需要有协调者，这样，当无法确认一个写操作时，就可以节省一个额外的往返开销。只读副本与投票副本刚好相反。即，只读副本不投票，但是包含与最近过去的某个点一致的数据的完整快照。只读副本可以用来服务大范围地理区域的读操作，并且可以容忍一些过时，而不会影响写延迟。

跨多个实体组的事务。实体组概念可以允许事务的高效执行，这些事务只访问单个实体组。然而，Megastore 也可以支持访问多实体组的事务。这种多组事务可以在该事务访问的所有实体组上执行，或者是使用异步容错队列来执行或者是通过两阶段提交来执行 [Gray, 1978]。与访问单个实体组的事务相比，这种多组事务会造成较高的延迟。

总之，Megastore 使用了一种层次架构模式来从物理上托管一个实体组的数据。事务使用多版本乐观并发控制技术执行。存储是解耦的，事务在库层次执行，而数据则存储在逻辑上解耦的 Bigtable 实例集群。在事务的提交得到确认之前，通过显式地将事务日志复制到一定数量的副本，就可以处理地理上较远的数据中心的复制。

4.5.5　Relational Cloud

Relational Cloud [Curino et al., 2011a] 展示了一个可横向扩展的事务处理架构，该架构依赖于以访问为基础的划分机制来限制大多数事务，使其只能访问单个数据库分区。图 4-12 展示了 Relational Cloud 架构的高层视图。和 Cloud SQL Server 类似，其目标也是使现有的 RDBMS 引擎可以通过无共享的 DBMS 节点集群来实现横向扩展，集群中的每个节点可以执行一个

RDBMS 引擎实例。但是，Relational Cloud 却允许事务访问多个分区，这些分区可能会分布在一个节点集合上。前端节点的一个子集负责协调分布式事务的执行和提交，前端节点也负责基于分区到节点映射的事务的路由。

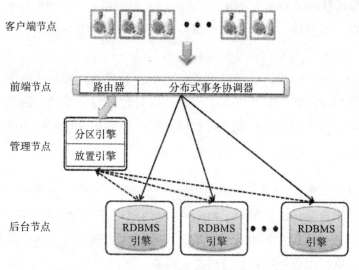

图 4-12　Relational Cloud 架构

　　一种访问驱动的数据分区引擎和一个工作负载感知的分区放置引擎，构成了系统中的管理节点。Relational Cloud 使用访问驱动的划分机制，Schism [Curino et al., 2010]，该机制把数据访问建模成一个图，其中数据项作为节点，事务作为边，并可以使用标准的现成的图划分技术来对图进行分割，进而划分数据库。划分算法的优化目标是最小化穿过图割（graph cut）的边的数量。图中的边加有权重，用来表示访问的频度。

　　分区放置算法负责监视工作负载和每个数据库分区的资源消耗，并使用这些度量来选择合适的分区在给定的服务器上进行托管。放置算法的目标是确保后端数据库节点的高资源利用率，这需要在同一节点上合并多个分区，同时确保在该节点上有足够的可用资源，进而确保一个租户的性能不会受太大影响。Relational Cloud 使用一种基于整数线性规划的方案，称为 Kairos [Curino et al., 2011b]，来为给定的负载模式选定一个较好的放置机制。Kairos 对短期运行的 OLTP 负载进行优化，其中，工作集容易适合于数据库缓存，并且，磁盘访问比较少见。这种非频繁的磁盘访问要求构成了统一设置环境中的磁盘 IO 的 Kairos 模型的基础。

总之，Relational Cloud 使用访问驱动的数据库分区来限制大部分事务访问一个单一的数据库分区。在一个分区中，事务使用经典的基于锁的并发控制，而分布式事务协调者则为访问多个分区的事务使用两阶段提交。数据存储与事务执行相耦合。

4.5.6　Hyder

Hyder [Bernstein et al., 2011a] 是一种可以对事务进行横向扩展，但是不要求应用程序或数据库进行分区的架构。该特点使 Hyder 与其他系统（如 ElasTras、Relational Cloud、Cloud SQL Server 和 G-Store）不同，这些系统都利用某种形式的划分来进行横向扩展。然而，与这些系统相同的是，Hyder 也会最小化事务执行过程中的分布式同步。特别是，一个更新数据库的事务会导致一个分布式同步，而只读事务不会产生任何分布式同步。

图 4-13 提供了 Hyder 的体系结构概述。Hyder 包含一个在共享的数据库状态上执行事务的计算节点的集合。数据库作为一个日志被存储，该日志可以在所有的计算节点间共享。在 Hyder 中，日志就是数据库。数据库是存储在日志中的一棵不可改变的树；尽管数据库有可能以 B+- 树的形式进行存储，但是，该图采用二叉搜索树进行展示。这种不可变性使得数据库可以是多版本的。每个节点可以缓存日志的尾部，该尾部包括由计算节点所看到的数据库的最后提交状态。在事务执行过程中，事务在计算节点上乐观执行，从而避免任何分布式同步。

图 4-13 描绘了一个事务生命周期的步骤。事务（T）在一个数据库快照上执行，其对应于计算节点上的最后提交状态（LCS）（步骤 1）。如果 T 更新了任何一个数据项，它就会创建数据库的一个后像（after image），称为 T

的意向记录（步骤 2）；一个只读事务在它的 LCS 快照上执行，并在本地提交，而不会创建任何意向记录。事务在一个计算节点上进行本地执行，而不需要任何分布式同步。由于数据库是多版本的，因此，一个计算节点上的缓存显而易见是一致的。缓存未命中会产生对日志的一次读访问，而不需要同步。一旦事务 T 完成，它的意图是广播到其他所有的计算节点以及日志（步骤 3）。T 的意图是自动地添加到日志尾部（步骤 4），这决定了 T 相对于其他并发事务的全局顺序。一旦日志中 T 的状态（position）已知，该状态也被广播到所有计算节点（步骤 5）。每个计算节点（包括执行 T 的节点）独立地接收日志中 T 的意图和状态，然后按照日志顺序执行意图，以确定 T 的结果（步骤 6）。把意图按照日志顺序合并到 LCS 中的过程称为融合（meld），它是日志中意图序列的一个确定函数。由于每个节点执行融合的确定性，每个节点都可以独立地决定一个事务的输出，而不需要任何同步，这样可以确保每个节点都得到事务 T 的相同的结果。最后，执行事务 T 的计算节点向应用程序通知结果（提交或中止）。

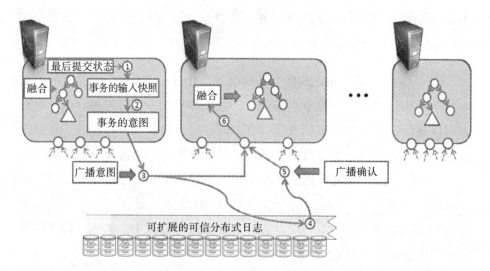

图 4-13　Hyder 架构。系统中的每个节点都在最后提交状态（last committed state，LCS）的快照上执行事务，并把数据库的后像（事务的意图）添加到共享日志中。节点随后就会按照日志顺序合并事务，从而独立地确定事务是提交了还是中止了

　　如果多个事务在系统中并发执行，那么 T 的快照的状态（position）和 T 的意图是不连续的。把 T 的意图与快照分开的意图被称为冲突区（conflict zone），其中包括与 T 并发执行，但是却在 T 之前加入到日志中的事务；图 4-14 展示了事务冲突区。如果 T 在自己的冲突区与一个已经提交的事务发生了冲突，那么，T 必须中止，否则，T 就可以提交。冲突的定义取决于被强制执行的隔离级别。例如，在串行化隔离的情况下，只有当 T 的读写设置与冲突区中已提交的事务在快照隔离的情况下不冲突，T 才提交；当 T 的写操作相互不冲突时，T 可以提交。在串行化隔离的情况下，T 的意图也必须包括关于自身读设置的信息。原则上来讲，当处理 T 的意图时，融合必须顺序地检查冲突区中的所有事务。然而，Hyder 中的融合可以利用树结构和额外的元数据（以结构和内容版本号的形式）来有效地决定 T 的结果，而不用独立地处理 T 的冲突区中的所有意图。融合的有效性源自于这样一个事实：如果树中的一个节点在 T 的快照和当前的 LCS 之间没有发生变化，那么，在子树中也不会有什么变化，因此，融合也就不需要分析子树；Bernstein et al. [2011c] 中介绍了关于各种优化的详细信息。

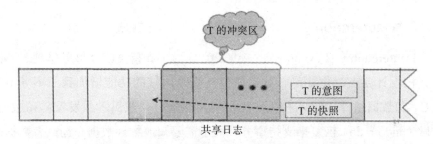

图 4-14　事务 T 的冲突区包括与 T 并发执行的事务，并且在 T 之前添加
到日志中。T 冲突区中的事务决定 T 是提交还是中止

　　尽管 Hyder 将事务执行限制在单个节点上，它的设计固有的四个瓶颈限制了它的峰值更新事务吞吐量。首先，所有的更新事务必须广播到所有的计算节点，因此，连接计算节点与日志的网络的广播吞吐量是一个瓶颈。其次，所有的更新事务必须添加到共享日志中，因此，日志追加吞吐量也是一个瓶颈。Reid and Bernstein [2010] 和 Balakrishnan et al. [2012] 介

绍了两种 SSD 或闪存芯片上的可扩展的共享日志架构，其可以潜在地用作 Hyder 的日志。第三，融合按照日志顺序处理意图，这受单个处理器时钟速度的限制。最后，Hyder 使用乐观并发控制，其峰值吞吐量受限于数据冲突的数量。Hyder 利用了计算机硬件和数据中心网络中的各种创新性中断机制。特别是，Hyder 将受益于多核处理器、快速的数据中心网路和来自于 NAND 缓存的大量的随机 I/O。这些创新有助于缓解这些瓶颈，同时让 Hyder 能够扩展到数十个节点，而不用对数据库进行分区。

总之，Hyder 没有利用数据库分区或者应用程序来对事务处理进行扩展。它使用多版本乐观并发控制协议，允许事务在一个节点上本地执行而不用请求分布式同步；当事务添加到共享日志时（该日志会在所有事务上规定一个全局顺序），该事务才会与其他事务同步。当存储与事务处理解耦时，Hyder 把存储层也作为一个同步点，这使它与其他解耦的存储架构有所区别。Hyder 也有一个内在的数据复制机制，其中，事务所做的更新对其他节点是可见的，它们可以按照日志顺序重新执行所有更新事务。

4.5.7　Deuteronomy

Deuteronomy [Levandoski et al., 2011] 为了支持 ACID 事务呈现了不同的架构设计要点，主要是将数据库存储引擎内核的功能增加到了事务组件（TC）和数据组件（DC）中。一个事务组件通过"逻辑"并发控制和撤销 / 重做（undo/redo）恢复来支持事务，而不需要知道物理数据布局或者数据的位置。数据组件支持面向记录的、原子操作的接口，并且负责物理数据组织（如数据存储和索引）和缓存；数据组件不关心事务。Deuteronomy 的这种设计与经典的存储引擎不同，经典存储引擎中的多粒度封锁或者生理日志（physiological logging）等优化依赖于事务执行逻辑与物理数据分布的紧密耦合。

图 4-15 给出了 Deuteronomy 架构的概述。应用程序向事务组件提交请求，使用会话管理器来认证和管理这些连接。事务组件使用锁管理器和日

志管理器在逻辑上执行事务性并发控制和恢复。记录管理器处理针对每个
数据项的逻辑读写操作，表管理器处理数据定义操作。

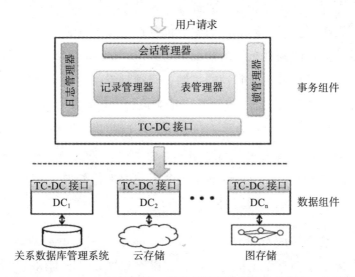

图 4-15　Deuteronomy 架构概述。事务组件和数据组件未绑定，并通过定
　　　　　义良好的 TC-DC 接口协议进行连接

　　一个事务组件可以使用定义良好的 TC-DC 交互协议 [Lomet et al., 2009]
与多个数据组件进行交互，交互协议隐藏了数据组件所使用的物理数据布局
的细节。如图 4-15 所示，一个事务组件可以与一个存储关系数据的数据组
件连接，一个由云数据存储支持的数据组件可以和一个存储图数据的数据组
件连接。这种灵活性是 Deuteronomy 的一个主要优势，这样就可以避免为
每一类数据存储实现相应的事务执行逻辑。此外，通过将事务执行限制到一
个单一的逻辑实体（一个事务组件），Deuteronomy 就不再需要执行跨多个数
据组件事务的两阶段提交协议。虽然事务组件执行并发控制和恢复逻辑，但
是，实际的数据操作需要传递给合适的数据组件，同时需要保证不会发送冲
突的并发操作。一个事务组件是一个数据项的唯一拥有者，在一个事务组件
中封锁可以确保冲突操作不会并发地发送给数据组件。

　　一个事务组件中的会话管理器需要负责所有的线程管理。每个到达的

请求都会由会话管理器分配一个线程。锁管理器通过并发执行线程来仲裁冲突访问，偶尔也可能会阻塞线程。日志管理器必须提供恢复保证，并且可能偶尔需要阻塞一个线程，而日志记录是强制的。事务组件内的资源都被视为逻辑数据项，它们的标识中不包含物理位置信息。事务组件是在不知道所存储数据的物理布局的情况下封锁；Lomet and Mokbel [2009] 详细介绍了有效管理这种逻辑封锁的机制，特别是支持谓词安全。同样，日志管理器发布一些日志记录，这些日志记录包含以逻辑形式进行描述的资源，但是，这些日志记录不包含物理位置信息。这些逻辑资源通过存储的元数据进行映射，并通过表管理器来识别哪个数据组件拥有这些请求的数据。这些元数据可以在事务组件的整个生命周期内进行添加，其添加方式与使用传统的数据库目录的方法类似。

数据组件支持缓存管理和访问方法，除此之外，必须符合 TC-DC 协议，其中包括控制操作支持，保证幂等操作和恢复。数据组件可以与事务组件托管在相同的服务器上，也可以是分布式的，甚至是跨越广域网的。

总之，Deuteronomy 给出了一种将事务执行与数据存储相解耦的架构，这样就展示了一个解耦存储架构的实例。Deuteronomy 对这种设计进行了进一步完善，主要是在 TC 和 DC 之间定义了清晰的接口，并将物理数据存储信息进行抽象，与事务执行分开。Deuteronomy 限制事务在单个 TM 内执行。虽然这种架构不会要求一种技术跨不同 TC 来进行数据库分区，但是，如果需要的话，可以使用本章中讨论的分区技术。在一个事务组件内，Deuteronomy 使用基于锁的方法来进行并发控制。

第 5 章

分布式数据事务

在上一章，我们讨论了有效支持物理或逻辑托管数据上的事务性语义的概念和技术。本章中，我们主要讨论不要求一个事务所访问的数据托管的一系列方法（物理上或逻辑上都不要求）。分布式同步是这种方法所固有的，因此，这些方法削弱了所支持的事务性保证，以允许系统横向扩展。即，虽然在上一章中讨论的技术依赖于某些形式的分区和限制事务可能访问的数据项，但是，本章中讨论的技术对事务提供的保证有所限制，对模式或事务所访问的数据项允许更多的灵活性。例如，有些方法放松了事务的一致性和隔离性保证，其他方法则限制所支持的操作，还有一些其他方法则利用应用程序语义来放宽性能要求。在本章中，我们将对这类方法进行综述，并强调这些方法之间的权衡。

5.1 云存储上的类数据库功能

大多数主要的云提供商都提供可扩展的和高可用的存储服务，如亚马逊的简单存储服务（S3）和 Windows Azure 存储服务。Brantner et al. [2008] 提出了一种在这些存储层上构建类数据库功能的方法，同时可以保持这些存储服务的可扩展性和高可用性等特点。核心思想是在存储于云存储服务中数据原始页上构建一棵 B- 树层。图 5-1 提供了所提架构的概述。云存储服务可以视为一个磁盘，在大量的客户端之间共享，客户端使用记录管理器提供的基于记录的接口来访问数据。多个数据库记录汇集成一个页，页是存储的基本粒度并从存储层进行传输。页管理器将记录访问转换成页访问并和存储层进行交互。B- 树索引可以在页管理器之上实现。B- 树的根和中间节点可以按页存储。

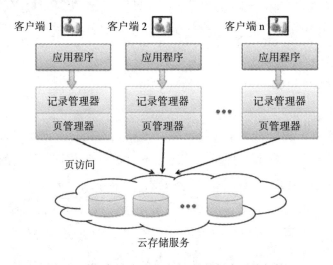

图 5-1　构建于亚马逊 S3 上的数据库系统架构

对数据库的客户端访问按需取页，并缓存在客户端。客户端事务的任何更新都可以缓存在本地，直到该事务准备提交。当事务准备提交时，与更新相对应的日志记录被添加到存储层。这种方法与经典的基于重做的恢复类似。图 5-2 展示了基本的提交和检查点协议。客户端更新提交是一个两步过程。

第一步中，客户端为事务带来的所有更新生成日志记录。这些日志记录被添加到称为待更新（pending update，PU）的队列中。每个 PU 队列负责存储对应于一个数据库片段的更新。例如，所有 B- 树索引的内部节点可以映射到一个 PU 队列，而每一个叶子节点都有自己独自的 PU 队列。很多云提供商也支持可扩展的和高可用的队列服务，如亚马逊的简单队列服务（SQS）或者微软的 Windows Azure 队列存储服务。PU 队列就可以用一个这样的队列服务来实现。日志记录包含有足够的信息来确保幂等性（idempotence），即，日志记录中的一个更新最多应用一次。

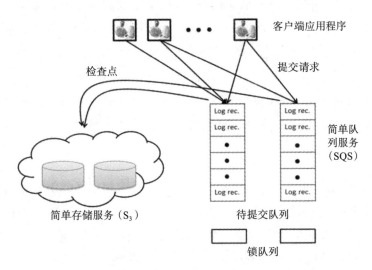

图 5-2　提交和检查点协议

在提交协议的第二步中，日志记录应用于存储层的页，该步骤类似于经典 DBMS 中的检查点技术。检查点可以在任何时间和系统的任何节点（或客户端）进行。检查点策略决定了检查点是何时、由谁执行的。执行检查点的客户端必须确保没有其他客户端在该 PU 队列上并发地执行检查点。这种同步需要通过使用与 PU 队列相对应的锁队列来实现。所队列是一个包含单个消息的特殊队列。当一个客户端想执行一个检查点时，就从该队列移除消息。如果多个客户端并发地尝试从队列中移除消息，它们中只有一个会成功。成功移除消息的客户端获得锁并将继续执行该检查点。一旦客户端完成检查点执行，就会把消息重新放回锁队列。为了处理一个检查点客户端的故障，可以使用定时去除机制，消息会重新出现在锁队列中，这样，另一个客户端就可以从前面故障节点发生故障的地方继续检查点检查。B- 树内部节点的检查点检查需要一些额外的处理 [Brantner et al., 2008]。

简单的检查点协议不能保证原子性。即，如果一个客户端在往 PU 队列添加一部分日志记录之后发生了故障，该检查点协议不会拒绝这样的部分更新。经典的 RDBMS 通过在事务结尾添加一个提交记录来实现原子性，该提交记录表明事务已经提交，并且，所有的更新已经在该提交记录之前记录的日志中。在恢复期间，任何丢失提交记录的事务都会被中止，并且更新会被撤销。与此类似的一种方法可以应用到该架构中，该方法为每个客户端关联一个原子队列。客户端首先将所有的日志记录添加到原子队列。一旦所有的记录都添加了，客户端再把提交记录添加到原子队列。提交记录包含事务标识和事务创建的日志记录的数量。接下来，客户端执行前面所讲的提交协议的两个阶段。原子队列中提交日志的缺失表明一个事务发生了故障并且必须中止。

重要的是要注意，因为数据页是分布式的，提供 ACID 事务属性需要分布式同步，因此代价比较高。例如，保证原子性事务需要额外的一轮客户端和存储层之间的消息（通过原子队列）。保证事务隔离和更强形式的一致性需要更多的同步 [Brantner et al., 2008]。因此，虽然数据的分布式性质允许更高的可扩展性，但是，事务性保证变得昂贵，这样的架构只能提供较弱的保证，同时同步也会产生一些合理的开销。

由于不同级别的一致性会产生不同程度的分布式同步，并且代价也会有所不同，因此，人们可以设想一个框架，其中不同的数据项有不同的一致性要求，并且只有当应用程序正确性需要这种更强一致性时，客户端才为强一致性买单。Kraska et al. [2009] 提出了一种一致性分配（consistency rationing）机制，该机制允许应用程序设计者指定关于数据项的一致性保证，并且允许这种保证在运行时自动动态改变。这种适应性改变是由代价模型和不同的策略驱动的，这些策略决定了系统该如何运行。一致性的代价可以通过交换的消息的数量或同步开销来衡量。同样，不一致性代价可以通过不正确操作的比例（这种不一致性操作是弱一致性保证的结果）和不一致性操作所产生的对应惩罚来衡量。基于这些代价和一些策略信息，为一些数据项提供的一致性保证可以动态改变。

核心思想是把所有数据项分成三类（A、B 和 C），并使用不同的协议集来处理属于每个类别的数据项的操作。类 A 包含的数据项的一致性比较重要，一个违规行为可能会导致较大的惩罚。类 C 包含更适合于不一致性的数据项，即暂时的不一致是可以接受的。类别 B 所包含的数据项其一致性需求会随时间发生改变。通过动态地改变用于执行访问 B 类数据项的操作的协议，系统能适应每个操作的成本，并在需要时为较高的一致性承担较高的代价。

例如，考虑一个电子商务零售商。在这样一个应用程序中，客户资料、财务信息、与购买和支付所对应的事务等，构成了电子零售商的重要信息，需要严格的一致性保证。这类数据会形成 A 类数据。另一方面，其他类型的数据，如关于商品的客户评论、购买倾向以及针对给定客户的产品推荐等可以容忍暂时的不一致性或过时。因此，这类数据可以分成 C 类数据。最后，产品库存的一致性可能会随时间不断变化。例如，当有大量的产品在库存中，实际库存量的暂时不一致性是可以接受的。然而，当库存中只有少量产品时，准确的数量是比较重要的，这可以确定哪些客户可以买到库存中剩下的最后几件商品以及哪个客户的订单处理会失败。这类数据形成 B 类数据。

由于一致性保证是在单个数据项的粒度上定义的，因此，对于访问来自不同类别的数据项的事务来说，根据数据项所属的类别执行每一个记录的操作。所以，整体事务的一致性保证将受到该事务所访问的数据项对应的最弱的一致性保证限制。

B 类中的数据项在运行时会在强一致性和弱一致性之间进行切换。可以用不同的策略来管理这种转换何时发生。一种策略是动态地跟踪给定数据项的冲突的概率，并当冲突概率高于特定阈值时进行转换。另外一种策略是基于时间来转换一致性保证，即一直运行在一个较低的一致性级别，直到给定的时间点时，转换到更高的一致性级别。然而，当对应于数据项的值低于某个给定的阈值时，另一个策略也可以切换一致性保证。例如，以电子零售商为例，当库存中的商品数量比较大时可以使用弱一致性，当库存减少到低于某个阈值时，如 100，可以切换到较强的一致性，反之亦然。Kraska et al. [2009] 提供了一些数学模型，这些数学模型是关于一部分策略和许多其他变体是如何在实际系统中实现的，以及一致性保证是如何动态适应的。

请注意，这种一致性保证的动态适应性的动机是基于这样一个事实：较高的一致性就需要较高的代价。然而，某些系统中的代价区别比较大，特别是为支持强一致性，需要分布式同步。在很多其他系统中，如数据或所有权托管的一些系统中（第 4 章），支持较强的一致性的代价可能不是很高，所提出的分配方法的适用性目前还不清楚。此外，在很多业务系统中，不一致性的代价与支持较高一致性的代价可能无法直接进行比较。这种情况下的一致性分配的应用需要进行进一步分析，可能基于案例进行分析。

5.2　地理复制数据的事务支持

很多大型应用是由地理上分布的用户访问的。为支持这些应用程序的低延迟数据访问，地理复制相当重要，因此，要求数据在地理上是分布的。提供这样的分布式数据的事务访问需要分布式事务。Sovran et al. [2011] 提出了一种新的隔离级别，称为并行快照隔离（Parallel Snapshot Isolation，PSI），来支持这种场景下的高效的事务访问。

在这种地理复制的数据存储中支持带串行化隔离的事务是非常昂贵的。即使是快照隔离（需要一个所有更新事务上的总顺序），要求每个更新事务必须同步，即使它们在不同的数据中心执行，以及写入到独立的数据项集合。PSI 不要求在所有的更新事务之间有全局顺序，从这个意义上说，PSI 是严格弱于 SI 的。具体来说，如果我们考虑将数据存储在多个数据中心之间进行分布，数据中心中的节点根据一致快照和事务的一个共同的顺序来观察事务。然而，PSI 在数据中心的不同主机之间只执行因果顺序，这就可以允许事务异步复制，并且可以为每一次提交避免昂贵的跨数据中心的同步。需要注意的是，PSI 也会确保如果两个或多个并发事务往相同的数据项进行写操作，其中只有一个会提交。PSI 在更新事务上不一定要求总的顺序，这些更新操作不会进行冲突更新。为了避免这种冲突，每个数据项都会指定首选站点（preferred site），数据对象不需要任何跨数据中心的同步就可以写到该站点。此外，PSI 在事务之间也保持着一个因果顺序，即，如果事务 T_1 在因果关系上先于事务 T_2，该因果顺序会在所有的站点中得以保持。

SI 和 PSI 的一个关键区别在于，PSI 允许在不同的站点上有不同的事务提交顺序。如图 5-3 中的例子，其中站点 A 执行事务 T_1 和 T_2，站点 2 执行事务 T_3 和 T_4。PSI 允许站点 A 先执行 T_1 和 T_2 的更新，然后再执行 T_3 和 T_4 的更新。另一方面，站点 B 则先执行 T_3 和 T_4 的更新，然后再执行 T_1 和 T_2 的更新。这种不同站点上的更新事务的不同顺序在 SI 中是不允许的，在 PSI 中则是允许的。这种懒散地确定非冲突事务顺序的灵活性允许系统异步地复制事务。如图 5-3 所示，站点 A 可以提交事务 T_1 和 T_2，无须站点 B 协调，事务在站点 A 上提交之后，可以异步传播这些更新。

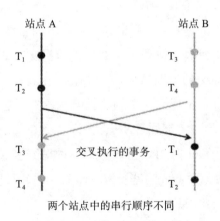

图 5-3 并行快照隔离中的事务顺序

Sovran et al. [2011] 在 Walter 中实现了 PSI，Walter 是一个地理上分布和复制的、可以支持事务的键-值存储系统。Walter 使用首选站点和交替操作的概念（如无冲突的计数集合，cset）来最小化因确保两个并发的事务不会造成冲突写而需要的同步操作。一个数据项的首选站点存储该数据项的主版本，并且首选站点拥有执行数据项上的本地更新的独占权。如果事务只更新其首选站点是站点 A 的数据项或者只更新属于 cset 的数据项，那么，在站点 A 上执行的事务可以本地提交（称为快提交，fast commit），不需要与其他任何站点同步。cset 上的操作是可交换的，因此，这些操作之间的相对顺序是不相关的，即不论这些操作是按照什么顺序执行，所有的操作执行完之后，最终的结果都是一样的；Shapiro et al. [2011] 介绍了很多有用的无冲突的复制数据类型，以最小化复制系统中的同步。

另一方面，如果一个事务访问一个数据项，而本地站点不是该数据项的首选站点，那么，该事务就必须与首选站点同步，从而同步写操作，确保没有并发的事务产生冲突写。这种同步通过执行一个类似于 2PC 的慢提交协议（slow commit protocol）来实现，其中，参与者是所有被写对象的首选站点，执行事务的站点上的服务器作为协调者。在第一阶段，该协调者要求每一个首选站点为提交投票，这以该事务所修改的对象是否没有修改以及没有被锁为基础。如果一个对象在本地站点被修改，那么，这意味着一个并发的事务已经提交了一个写操作。另一方面，如果一个数据项被锁，这意味着一个本地快速提交或者一个并发的慢提交正在处理之中。在任何一种情况下，准备提交的当前事务必须中止，因此，参与者回答一个 no。如果两个检查都通过了，那么，参与者就会为这些数据项加锁，并回答一个 yes。如果所有的参与者都回答 yes，协调者会在第二阶段提交事务。否则，事务就会中止。和任何 2PC 协议相似，慢提交协议可能会由于该协议第二阶段的协调者故障而造成阻塞。Sovran et al. [2011] 详细分析了各种故障情况下的协议，以及 PSI 的详细规范。

5.3 使用分布式事务进行增量更新处理

在第 4 章中，我们介绍了很多应用，这些应用适合于数据划分和托管。然而，这种分区在其他各种应用程序中也许是不可能的。以网页倒排索引引为例，这是很多搜索引擎所使用的结构。网络爬虫持续地扫描新的网页或者对已有网页进行更新。为了确保搜索引擎结果的新鲜度，随着新网页的抓取，网页索引的增量更新是急需的。处理一个抓取到的网页可能会对倒排索引的不同部分进行更新。考虑网络的规模，索引可能分布到成千上万台服务器上。因此，这种更新总是会访问多个节点，将这些更新作为一个事务执行就不得不使用分布式事务。

为了处理这种大规模的增量更新，Percolator [Peng and Dabek, 2010] 提出了两个主要概念。它提供了带有 ACID 快照隔离语义的跨行、跨表事务 [Berenson et al., 1995]。此外，Percolator 支持观察员（observer）概念，允许组织增量计算。Percolator 构建在 Bigtable 之上，Bigtable 是一个可扩展的和分布式的键－值存储系统。Percolator 依赖于一个时间戳产生器（timestamp oracle），它可以提供一个严格递增的时间戳，这对于隔离更新事务的快照更新协议的正确性至关重要。

Percolator 依赖于 Bigtable 的多版本存储功能来实现快照隔离；每个版本都有一个唯一的时间戳与之关联。这可以确保写操作不会阻塞任何读操作，原因是一个更新可以产生一个较新的版本，而读操作可以继续使用老版本。由于快照隔离必须避免针对相同数据项的并发写，因此，针对一个数据项的写操作者必须串行化。Percolato 使用锁来同步这些更新，这些锁存储在正在更新的行的内存中的特殊列中。

一个事务通过从时间戳产生器获取一个开始时间戳来开始执行。时间戳定义了一致快照，该事务的读操作将从该快照进行读取。事务所做的更新在执行过程中会被缓存，并且当该事务准备提交时，这些更新就会生效。因为事务可以对分布在节点集合上的数据项进行更新，所以，对这些更新进行原子提交需要一个由客户端协调的两阶段提交。在每个节点，对数据项的更新可以使用 Bigtable 的行事务 API 来执行。在提交的第一阶段（写前，prewrite），事务试图对其即将更新的每一行获取一个锁。一旦得到一个锁，需要检查该行的版本，以确定是否已成功提交了并发写，在这种情况下，当前的事务就必须中止，以避免快照隔离不允许的写－写冲突。如果没有检测到冲突，那么，更新就应用到该行上，同时，该事务继续持有该数据项上的锁。如果事务在任何行上都不冲突，该事务就可以提交，可以继续进行第二阶段。第二阶段的开始是由客户端通过从时间戳产生器获取一个提交时间戳来进行标记的。然后，在每一行中，客户端释放其锁，并通过以写记录替换该锁，使其写操作对读者可见。写记录向读者表明大多数最近的版本对应于一个已提交事务的更新。写记录也保存着指向以前版本的指针。只要其中一个写操作成功了，该事务就必须提交，因为该事务已经使一个写操作对读者可见。该两阶段提交协议不同于经典的 2PC 协议，协调者没有本地日志，在本地日志中写事务的结果。这样就可以防止系统因协调者故障而阻塞，协调者故障在 Percolator（其中客户端作为协调者）中很常见。

由于事务的分布式特性，一个事务可以获得一个超过事务提交时间戳的开始时间戳，而该事务尚处于提交协议的第二阶段。因此，读操作首先在 [0，开始时间戳] 范围内检查锁，该范围对应于事务快照中可见的时间戳的范围。锁的出现意味着另外一个事务正在写该单元格。因此，读事务必须等待，直到写操作完成并且锁得到释放。在没有冲突锁的情况下，读请求返回最新的写记录。

对于任何分布式提交协议来说，协调者故障可以停止事务的执行，也可以停止其他一些并发事务的执行，这些事务由于被现在停止的事务所获得的锁而被阻塞。然而，Percolator 中的所有持久化信息都保存在 Bigtable 中，客户端故障不会无限制地阻塞事务，随后的清理可以解锁这些资源。Percolator 使用延迟方法（lazy approach）来进行清理：当事务 T_A 遇到一个由事务 T_B 留下的冲突锁，T_A 可以确定 T_B 失败，并且可以清除 T_B 的锁。为了避免一个清理事务和一个缓慢但尚未失败的事务之间发生竞争，Percolator 为任何一个提交或清理操作在每个事务中都指定了一行作为同步点。该行的锁称为主锁（primary lock）。

如果客户端在提交的第二阶段发生崩溃，事务将越过提交点（至少已经写入了一条写记录），但是仍然会有未完成（outstanding）的锁。一种与清理方法类似的方法可以用来回滚失败事务所做的更新。通过检查主锁，遇到锁的事务可以区分这两种情况之间的区别：如果主锁已经被写记录替换，写锁的事务必须已经提交，并且该锁必须向前回滚。为了向前回滚，受困锁（stranded lock）将替换为一条写记录，因为原有的事务即将完成。Peng and Dabek [2010] 给出了该协议的更多细节和进一步的优化。

当 Percolator 提供一个有趣的更新增量处理机制时，必须指出的是，这种设计得益于某些应用程序特点。例如，如果客户端协调其提交失败，更新事务可能会被阻塞，并且可以阻止一些其他事务。由于 Percolator 主要应用于原子性和隔离性比更新事务的低延迟更重要的场景，这些阻塞的事务不会对性能目标产生不利的影响。此外，在这样的环境中实现串行化隔离会大大增加一个失败的客户端带来的同步成本和停滞事务的影响。Percolator 表明对于某些应用程序，其中，更新事务的延迟不是主要的关注焦点，分布式事务可以扩展到成千上万台服务器，同时提供可接受级别的隔离。

5.4　使用迷你事务的可扩展分布式同步

很多应用程序不要求事务提供完全的灵活性。相反，这样的应用程序可能只需要以一个容错的、可扩展的和一致的方式共享状态。Sinfonia [Aguilera et al., 2007] 为这种应用程序提供了迷你事务原语（minitransaction primitive），用来进行原子访问并在多个节点上有条件地修改数据。这类应用程序的例子包括一种分布在服务器集群或一组通信服务上的文件系统。

迷你事务原语的一个主要优点是，可以隐藏数据的分布式特性和故障的复杂性，这些故障在大型分布式系统中很常见。虽然提供了许多类似于经典数据库事务的保证，迷你事务限制了一组所支持的操作，从而确保同步和消息传递的代价不会大到足以阻碍可扩展性，可扩展性是一个很重要的要求。特别是，迷你事务原语将所支持的操作限制到那些可以在 2PC 协议中执行的事务，执行这些事务可以原子提交分布式操作。这使得 Sinfonia 可以将每个迷你事务的网络往返数量限制为 2 个，与经典的分布式事务相比，这是一个很严格的限制，在经典的分布式事务中，事务执行过程中的往返数量不受限制，只有提交限制为两个往返。此外，迷你事务允许用户批处理更新，这可以消除多个网络往返。

Sinfonia 包含一组节点（称为内存节点）和一个运行在应用程序节点上的用户库。内存节点存储并服务应用程序数据，这些数据可以根据应用程序的需要存储在 RAM 中或者稳定存储（stable storage）中。用户库实现了在内存节点使用迷你原语操作数据的机制。内存节点和应用程序节点在逻辑上是分离的，但是，在物理上它们可以托管在相同的服务器上。

迷你事务允许应用程序在多个内存节点上更新数据，同时确保原子性、一致性、隔离性和持久性（如果需要的话）。核心思想是支持一组操作，其中，最后一个动作不影响协调器中止或提交事务的决定，或者，提前就知道结果将会如何影响决定。在任何一种情况下，这样的动作可以传送到执行提交事务的两阶段提交的第一阶段。每个参与者都可以执行来自于第一阶段的操作，并且可以独立地确定成功或失败，也可以对协调者做出相应的响应。例如，如果数据项读操作不在写操作之前（即该操作是盲写，blind write），然后参与者可以执行写并响应协调器。假如写操作依赖于要满足的某个条件（即，条件写），参与者可以在本地确定写的条件是否满足，如果条件满足，就应用该写操作，并根据条件的结果对协调者做出响应。协调者收集来自所有参与者的投票，并执行提交协议的第二阶段，如果所有参与者都正面回应，那就提交事务。

正式地讲，一个迷你事务包括一组比较项目、一组读项目和一组写项目，这些项目都是在迷你事务开始执行之前选择的。在执行过程中，迷你事务将比较项目中的位置和比较项目中的数据进行比较，如果比较成功（或者，如果一些比较项目缺失），就返回数据项中的值，在写项目中写到这些位置。如果任意一个比较失败，迷你事务就中止。因此，比较项目可以决定迷你事务是提交还是中止，而读写项目则分别确定迷你事务返回和更新的数据。

迷你事务的例子如下。

交换（swap）：一个读项目返回旧值，写项目则进行替换。

比较和交换（compare-and-swap）：一个比较项目将当前值与一个常数进行比较；如果相等，用写项目进行替换。

多数据的原子读（atomic read of many data）：用多个读项目完成。

获得租约（acquire a lease）：比较项目检查一个位置是否设置为 0；如果是，写项目就将它设置为租约所有者的（非零）id，另一个写项目设置租约的时间。

原子性地获取多个租约（acquire multiple leases atomically）：除了有多个比较项目和写项目之外，其他和上面一样。需要注意的是，每个租约可以在不同的内存节点上。

如果持有租约，则改变数据（change data if lease held）：比较项目检查是否持有租约，如果是，写项目更新数据。

迷你事务原语的一个常见用途是用比较项目来验证数据，如果数据有效，则使用写项目对相同或不同的数据进行一些改变。Aguilera et al.[2007]展示了迷你事务原语是如何被用来实现两种可扩展且分布式的应用程序的：分布式文件系统和一组通信服务。

为执行迷你事务，通过消除协调者日志，Sinfonia 对 2PC 的使用不同于经典的 2PC 协议，从而可以在客户端（扮演协调者角色）发生故障时消除无限期的阻塞。相反，参与者发生故障时，Sinfonia 会阻塞。恢复协调器主要负责清理由于提交前的协调器故障、在未确定状态时留下的任何事务的状态。恢复协调器有效地重新执行两阶段提交的差异，它要求参与者中止事务。如果没有任何参与者提交该事务，那么该事务就会被中止。然而，如果一个或多个参与者在协调器发生故障之前提交了事务，那么，恢复协调器就会提交该事务。Aguilera et al. [2007] 介绍了详细的迷你事务协议，同时也进行了不同的故障和恢复方案的案例分析。

5.5　讨论

本章中，我们讨论了多种针对分布式数据的支持事务性保证的技术。这种情况下，分布式同步必不可少。为了限制分布式事务，这些方法或者是采用较弱的隔离和一致性保证，或者限制可作为一个事务执行的操作的类别。Brantner et al. [2008] 提出了一种可以支持原子性和隔离级别的方法，如读提交；Walter 为地理复制数据使用了并行快照隔离（快照隔离的一种较弱形式）；Percolator 利用应用程序语义来放松性能要求，以及隔离保证的要求；Sinfonia 展示的迷你事务原语将事务只限制到 6 种操作类型。

文献中也提出了很多其他各种各样的系统和方法，设计选项与本章中讨论的非常相似。例如，Vo et al. [2010] 介绍了一个系统的设计，称作 ecStore，它允许分布式数据上的事务，同时支持弱隔离。Thomson et al. [2012] 提出了一个确定性的调度和排序层，称作 Calvin，它对分布式事务的执行进行确定性调度，省去了分布式事务原子提交所需要的两阶段提交协议。核心思想是从事务中消除不确定性。序列发生器决定了事务的执行顺序，存储节点按照预先确定的顺序执行事务。

与支持事务型概念的系统不同，Lloyd et al. [2011] 介绍了一种弱形式的一致性，称为 causal+ 一致性，可以在地理上分布且复制的数据库系统中保持操作之间的因果关系。在不提供事务支持的系统（如键 – 值存储系统）中，对于访问多个数据项的操作提供了非常小的一致性保证。Lloyd et al. [2011] 介绍了一种显示追踪操作之间因果关系的技术，如果还没有应用前面的因果更新，就延迟操作，如果检测到相同数据项的不同版本，就采用收敛机制。

　　最后，谷歌最近发布了其全局分布式数据库 Spanner[Corbett et al., 2012]。Spanner 的范围跨越多个分布在世界各地的地理上分布的数据中心。和现有的一些大型系统的根本区别在于，Spanner 支持分布式事务，同时也支持类关系的数据模型。Spanner 的数据模型是关系型的，其嵌套使用了谷歌的协议缓冲区。第一个使用 Spanner 的客户是谷歌的广告数据库 F1[Shute et al., 2012]，F1 用来存储和服务谷歌的广告业务数据。Spanner 的一个主要创新是 True Time API，该 API 使同步时间戳作为一级 API，同时还为时间测量中的预期误差提供了约束。众所周知，在一个大型的地理分布的系统中，时间的鲁棒性测量是非常具有挑战性的。在每个数据中心可用的指定时间服务器上，True Time 使用自定义硬件来达成同步，如 GPS 接收器和高精度的原子时钟。时间服务器使用来自 GPS 接收器的读数、原子时钟和一个知名的协议 [Marzullo and Owicki, 1983] 来同步时间。GPS 接收器和原子时钟有独立的故障模式，因此可以为时间服务提供高可用性，这构成了基础设施的关键部分。Spanner 中的数据服务器与多个本地时间服务器联系，以获得当前时间和误差边界的估计值。一旦知道一个全局的同步时间戳，经典的基于时间戳的并发控制技术就可以用于事务执行，同时可以利用底层的多版本数据存储来支持快照读。

第 6 章

多租户数据库系统

在本书的前几章中，我们主要关注大型应用程序，即需要它们的数据库可以扩展到每秒成千上万的事务，并且可以跨越在一个数据中心或地理上分离的数据中心的成千上万台服务器。在本章中，我们把重点转移到另一类云平台中经常见到的应用程序，即数据库和使用内存都比较小的应用程序。这种应用在软件即服务（SaaS）方案中很常见，如 Salesforce.com 或者是微软的动态 CRM（客户关系管理），在部署于各种平台即服务（PaaS）提供商中的应用中也很常见，如谷歌的 AppEngine 和微软的 Window Azure。这些 SaaS 和 PaaS（平台即服务）云基础设施都可以服务成千上万个小型应用程序（称为租户，tenant）。为每个租户分配一个 DBMS 服务器通常很浪费，因为单个租户的资源需求往往很小。为了减少操作的总代价，云提供商通常会在租户之间共享资源，该模型称为多租户。多租户在云软件栈的所有层都可以使用：Web/ 应用程序层、缓存层和数据库层（参见图 1-1）。本章主要关注数据库层的多租户。在一个租户池中共享底层的数据管理基础设施可以实现资源的高效使用，降低服务应用程序的总体成本。

除了所部署的应用程序数量规模较大之外，部署在云平台上的小应用程序也具有一些其他特性：受欢迎程度差别较大、不可预知的负载特性、突发访问和不同的资源要求。因此，托管这些应用程序的云服务提供商在服务这些应用程序和管理它们的数据上面临着前所未有的挑战。这些挑战包括大型 DBMS 设施的管理，为实现高效的资源利用和成本优化，需要支持成千上万的租户、容忍故障、数据库动态划分和弹性负载均衡。

多租户数据库概念主要在 SaaS 场景中使用。Salesforce.com 模型 [Weissman and Bobrowski, 2009] 通常被认为是这种服务模式的典型例子。然而，研究数据库层的其他多种多租户模型 [Jacobs and Aulbach, 2007, Reinwald, 2010] 以及在各种云模式中与资源共享的相互作用也很有意义。深入理解这些多租户模型对于设计针对不同应用领域的有效的数据库管理系统至关重要。

除了公有云提供商之外，很多大型企业都拥有大量的数据库来服务彼此独立的项目或团队。这些企业可以使用多租户云平台来增加专门用于支持数据库的服务器的数量。Curino 等人证明，数据库节点的数量可以用 5.5:1 和 17:1 之间的一个参数来进行增加 [Curino et al., 2011b]。因此，大型多租户数据库是服务如此大规模的小应用程序的基础设施的一个组成部分。

本章中，我们对很多设计大规模多租户数据库系统的工作进行了综述，这些数据库系统旨在为大量的小型应用服务，PaaS 模式或企业环境中的 DBMS 更是如此。我们专注于系统级的问题，为更广泛的系统提供一个多租户的数据库管理系统。我们特别重视弹性负载均衡，这可以确保较高的资源利用率并降低操作成本，也比较关注数据库的实时迁移，它可以作为实现弹性的基础，同时也重视为实现托管在云中的多租户数据库的自动控制而做的初步努力。需要注意的是，一些横向扩展的事务处理系统也设计了多租户的原生支持，如 ElasTraS、Relational Cloud、Megastore 和 Cloud SQL Server。

6.1　多租户模型

数据库层的多租户可以通过各种抽象级别上的共享来实现。在不同的抽象级别和不同的隔离级别上共享资源会在数据库层产生不同的多租户模型[—]。过去已经探讨过三种多租户模型 [Jacobs and Aulbach, 2007]：共享硬件、共享进程和共享表。SaaS 提供商如 Salesforce.com 主要使用共享表模型。共享进程模型在云中的很多数据库系统中使用，如 Relational Cloud、Cloud SQL Server 和 ElasTras。Soror et al. [2008] 和 Xiong et al. [2011] 提出了一些使用共享硬件模型的系统。图 6-1 描述了这三种多租户模型和共享级别。深入理解这些多租户模型对于理解多租户 DBMS 的设计领域至关重要。本节中，我们主要讨论这些多租户模型，并分析其各种权衡。

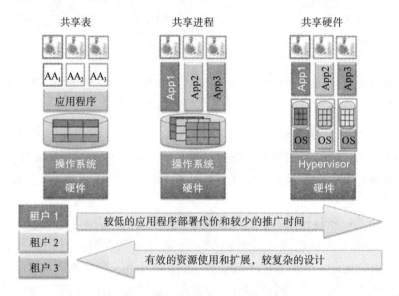

图 6-1　不同的多租户模型以及各自的权衡

6.1.1　共享硬件

在共享硬件模型中，租户数据库仅共享服务器硬件资源。这种共享可以通过利用虚拟机（VM）托管每个租户数据库来实现。每个租户可以有自己的虚拟机和服务租户数据库的独占的数据库进程。虚拟机提供了一

[—]　多租户场景下的隔离性是指性能隔离、资源隔离或者共享相同多租户 DBMS 的租户之间的访问控制隔离。这与并发事务中的隔离不同。

种抽象，使得租户数据库好像是被托管在自己的硬件中。基础设施即服务（IaaS）云提供商如 Amazon web services 主要使用这种多租户模型。在 IaaS 云中，所支持的一个主要的抽象概念就是虚拟机。每个租户获得一个虚拟机，虚拟机负责托管租户数据库；多个虚拟机可能托管在同一个服务器上。虽然这种模型可以在租户之间提供强安全隔离，但是，这是以不断增加的开销为代价的，开销增加的原因是冗余组件，以及由于以非最优化方式使用有限机器资源而导致的协调缺乏。以租户之间的磁盘共享为例。虚拟机提供了虚拟磁盘的抽象，虚拟磁盘可能托管在相同节点上的多个虚拟机共享。托管数据库进程会导致不协调的磁盘访问。这将导致对磁盘的高争用，从而大大影响统一设置下的性能。Curino et al. [2011b] 等人最近的实验研究表明，性能开销可能会增加一个数量级。当只有一小部分租户在服务器上执行时，此模型才可能是有用的。随着需要统一到相同服务器上的租户数量的增加，与这个模型相关的开销会占主导地位。然而，该模型的优点是，在数据库层不需要做任何改变就可以支持多租户。

6.1.2　共享进程

在这个模型中，租户在运行于每个服务器上的单个数据库进程中共享资源。这种共享可以发生在各种隔离级别：从仅共享数据库资源，如日志基础设施，到共享所有资源，如缓冲池、事务管理器等。这种模型允许在租户之间实现有效的资源共享，同时允许 DBMS 智能地管理一些关键资源，如磁盘带宽。这将允许更多的租户合并到一个单一的服务器，同时确保良好的性能。这种多租户模型在 PaaS 云提供商中很典型，如 Microsoft SQL Azure 和 Google Megastore 等。

租户仅提供安全隔离。由于大多数传统的 DBMS 并没有设计多租户这样的原生支持，今天的数据库管理系统提供很少或不提供租户之间的资源、性能隔离。这种模型的优点是允许一些关键物理资源的更有效共享，如 I/O 和主存，同时确保在单独的表中的用户数据的隔离级别。大部分商用的 DBMS 解决方案都可以很容易地支持这种模型，因为这些解决方案都可以在单个 DBMS 实例中支持多个数据库⊖。然而，这种支持是静态的，即不支持弹性概念，弹性允许一个 DBMS 实例上的数据库可以动态地迁移到另外一个 DBMS 实例。此外，设计的灵活性用于托管少量数据库。有证据表明，当 DBMS 用于管理大量租户数据库时，尤其是当负载达到最大时，DBMS 会变得非常慢。为应对这种性能危机，人为干预是必要的。Narasayya et al. [2013] 提出了一个称为 SQLVM 的概念，可以在共享相同 DBMS 进程的租户之间实现性能和资源隔离。

6.1.3　共享表

在共享表模型中，租户数据存储在一个称为堆表（heap table）的共享表中。为了在不同的租户之间实现架构和数据类型的灵活性，堆表不包含租户架构或者列信息。另外一个元数据结构，如枢轴表（pivot table）[Aulbach et al., 2008, Weissman and Bobrowski, 2009]，可以提供更多的数据库功能，如关系架构、索引、主键约束等。对统一的和专用的枢轴表及堆表的依赖意味着对查询处理和执行功能的重构，因为租户的资源不是孤立的，除了性能的影响，独立租户的工作负载会争夺共享资源。此外，共享表模型要求所有的租户运行在相同的数据库引擎和版本上。这限制了专有数据库的功能，如空间数据库或对象数据库，并要求所有租户使用有限的功能子集。当多租户有相似的架构和访问模式时，多租户模型是最理想的选择，这样就可以提供有效的资源共享。这种相似性在 SaaS 中可以看到，其中，一个通用的应用程序租户可以通过定制来满足特定客户的需求。

6.1.4　模型分析

不同的多租户模型提供不同的权衡策略；图 6-1 描述了一些权衡策略，

⊖　商业数据库管理系统引擎进一步促进了这种支持，可以托管不同类型的数据库：生产数据库、质量保证数据库、开发数据库等。

从共享硬件模型到共享表模型。在极端情况下，共享硬件模型利用虚拟化，使多个虚拟机在同一台机器上。每个虚拟机只有一个数据库进程用来服务单个租户的数据库。如前所述，这种强租户隔离是以降低性能为代价的 [Curino et al., 2011b]。另一个极端是共享表模型，该模型在共享表中存储多个租户的数据，并提供最少的隔离，这反过来又要修改数据库引擎，同时限制租户间的架构灵活性。独立进程模型允许租户有独立的架构，同时可以在多个租户之间共享数据库进程，与共享表模型相比，这样就可以提供较好的隔离性，同时允许有效的共享以及在同一数据库过程中的多个租户的统一。因此，共享进程模型刚好处于中间位置。

虽然概念很广泛，但是已经出现了三种主要的云计算模式：IaaS、PaaS 和 SaaS。这些云计算模式相对于租户的抽象级别不同。例如，IaaS 将原始的硬件资源提供给租户，并且租户负责管理自己的 DBMS、架构、物理数据库设计和备份，等等。因此，IaaS 提供了最低级别的抽象。PaaS 提供了高一级别的抽象，其中，租户与逻辑数据库和资源进行交互，并且不控制物理数据布局、复制等。SaaS 展示了最高级别的抽象，其中，租户在应用程序逻辑级别上交互，并不知道（或知道很少）数据布局、架构、物理结构和查询负载等信息。

我们现在在数据库多租户模型和云计算模式之间建立连接。虽然前面介绍的三种多租户模型很常见，Reinwald [2010] 提出了一个更细的分类，其中每个模型根据共享的准确级别进一步细分。表 6-1 总结了这种分类方法，同时分析各种多租户情况下的模型的适用性。共享硬件模型的更精细的子划分（租户并没有共享数据库进程）是共享虚拟机和共享 OS 模型，共享虚拟机模型中，租户共享虚拟机，并且当不同操作系统级别的用户登录时，租户会被隔离；共享 OS 模型中，租户共享相同的 OS，但是，每个租户都有自己特定的数据库进程。共享进程模型的更精细的子划分（租户共享数据库进程，但是不共享物理表）是共享实例和共享数据库。

IaaS 提供基础资源，如 CPU、存储和网络。在 IaaS 层支持多租户可以带来更大的灵活性，对所支持的租户架构或负载的限制最小。因此，共享硬件模型最适合 IaaS。一个简单的多租户系统可以构建在普通机器集群上，每个机器上都有一小组虚拟机。这种模型可以以可接受的开销为客户端数据库提供隔离性、安全性和有效的迁移，同时，比较适合低吞吐量但是有较大存储需求的应用。

表 6-1　多租户数据库模型，租户如何实现隔离，以及对应的云计算模式

编号	共享模型	隔离	IaaS	PaaS	SaaS
1	共享硬件	虚拟机	✓		
2	共享虚拟机	OS 用户	✓	✓	
3	共享操作系统	数据库实例		✓	
4	共享实例	数据库		✓	
5	共享数据库	模式		✓	✓
6	共享表	行		✓	✓

另一方面，PaaS 提供商可以为租户提供更高的抽象级别。存在很多类型的 PaaS 提供商，单个的多租户数据库模型不会是全面的选择。对于提供单个数据存储 API 的 PaaS 系统来说，共享表或共享实例都可以满足该平台的数据需要。例如，Google App Engine 为它的数据存储 Megastore 使用共享表模型。然而，可以灵活地支持多种数据存储的 PaaS 系统，如 AppScale[Chohan et al., 2009]，可以利用任何多租户数据库模型。

SaaS 拥有最高的抽象级别，其中，客户端使用该服务执行有限的、重点任务。定制通常是肤浅的，工作流程或数据模型主要取决于服务提供商。使用数据和进程的严格定义以及通过 Web 服务或浏览器对数据层进行的受限制的访问，服务提供商控制着租户如何与数据存储进行交互。因此，共享表模型已经被各种 SaaS 提供商成功使用。

6.2　云中的数据库弹性

作为一种信息基础设施，云成功的主要因素之一是它的按使用付费

（pay per use）的定价模型和弹性。对于一个部署在按使用付费的云基础设施中的 DBMS 来说，一个附加的目标是优化系统的运行成本。弹性对这些系统至关重要，弹性是指在高负载时，通过增加更多的资源来处理负载变化或者是当负载减少时，将这些租户合并到较少的节点上（这些全在没有服务中断的系统中实现）的能力。

　　云计算平台中的多租户的总体目标是开发一个可扩展的、容错的、弹性的和自我管理的多租户 DBMS 架构。我们可以把多租户想象成为了共享 DBMS 资源的数据库层的虚拟化。与虚拟机迁移类似 [Clark et al., 2005]，高效的实时数据库迁移技术是弹性负载均衡不可分割的一个组成部分。因此，实时数据库迁移是拥有可扩展性、一致性和容错性系统的首要特性。只是最近，关于弹性负载均衡的实时数据库迁移的研究和开发才逐渐有所增加。

　　尽管弹性经常与系统的规模有关，但是，当用于表现一个系统的行为时，在弹性和可扩展性之间存在着微妙的差异。可扩展性是系统的静态属性，指定其在静态配置上的行为。例如，系统设计可以扩展到成百上千甚至几千个节点。另一方面，弹性是一个动态属性，它允许系统在运行时，规模可以按需增加或减少。例如，如果一个系统可以按需从 10 个服务器扩展到 20 个服务器（或者相反），该系统设计就是弹性的。

　　弹性是大规模系统的一个必需且重要的属性。对于一个部署在按使用付费云服务（如基础设施即服务，IaaS）中的系统来说，弹性对于最小化运行成本很重要，同时，在高负载情况下可以确保很好的性能。在低负载期间，可以允许系统合并，从而消耗较少的资源，最小化运行成本，同时，当负载增加时，也可以动态扩展其规模。另一方面，企业基础设施往往是静态配置的。在能源效率至关重要的情况下，弹性也是大家需要的。即使基础设施是静态配置的，通过合并租户因而关闭服务器可以节省大量开销，这样可以减少用电量和制冷成本。但是因为关闭随机的服务器不一定能减少能源使用，因此，这是一个开放性的研究课题。需要通过仔细地规划来选择要断电的服务器，这样数据中心里的整个机架上的服务器都会被断电，从而大大降低冷却的开销是可以完成的目标。同时，也必须考虑断电给可用性带来的影响。例如，把系统合并到有单点故障的服务器集群中（如单个交换机或单个供电单元）会因单点故障而导致全部服务中断。此外，重启断电的服务器代价高昂，因此，错误估计的断电操作的代价较高。

在数据库场景下，系统运行时的部分系统迁移对实现按需弹性非常重要。这可以通过一个称为实时数据库迁移的操作来实现。在保持系统弹性的同时，系统还必须确保租户的性能或服务目标不受破坏。因此，为了更有效地保持弹性，实时迁移的影响必须小，即，对性能的影响可以忽略不计，对正在迁移的租户以及托管在迁移源节点和目的节点上的其他租户的服务中断也最小。

由于迁移是实现弹性的一个必要原语，我们将重点描述两种最常见的云数据库架构的实时迁移的解决方案：共享磁盘和无共享。共享磁盘架构对抽象复制、容错和一致性的能力以及对来自 DBMS 逻辑的存储层的独立缩放的支持比较有吸引力。Bigtable、HBase 和 ElasTras 都使用共享磁盘架构。另一方面，无共享的多租户架构，如 Relation Cloud 和 Cloud SQL Server，使用本地附加存储来保存持久化数据，在数据库设计中很常见。无共享架构的实时迁移要求所有的数据库组件在节点之间迁移，包括物理存储文件。由于本章讨论的是多租户系统，本节中我们使用租户来表示要迁移的数据库粒度。然而，这里描述的大部分实时迁移技术可以用于迁移任意自包含的数据库粒度，例如大规模数据库的一部分（如前面的章节所述）。

6.2.1　Albatross：共享存储数据库的实时迁移

图 6-2 描述了 Albatross 所使用的底层参考系统模型。该模型假定共享进程多租户模型中的租户完全包含在一个单一的数据库进程中；多个租户托管在单个数据库进程中。应用程序客户端通过一个分散的查询路由器进行连接，该查询路由器对租户和处理租户请求的数据库服务器之间的物理

数据库连接以及逻辑连接进行抽象。租户到服务器之间的映射以系统元数据的形式存储，可以由路由器进行缓存。

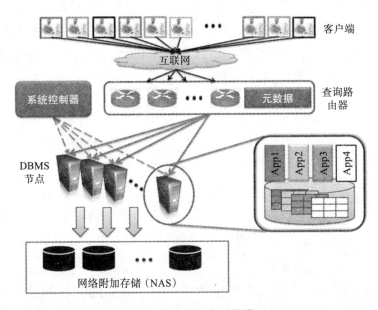

图 6-2 参考数据库系统模型

DBMS 节点服务器集群为租户提供服务；每个节点都有自己的本地事务管理器（TM）和数据管理器（DM）。事务管理器由一个用于事务执行的并发控制组件和一个用于处理故障的恢复组件组成。每个租户由单个 DBMS 节点提供服务，称为该租户的所有者。因此，租户的大小受单个 DBMS 节点容量的限制。这种独特的所有权允许事务在多个 DBMS 节点之间没有分布式同步的情况下高效地执行。

网络附加存储（NAS）可以为租户数据库的持久化数据提供可扩展的、高可用的和容错的存储。存储和所有权的解耦使得在迁移过程中不需要复制租户的持久化数据。然而，这种架构不同于共享磁盘系统，该类系统使用磁盘来进行并发事务之间的仲裁 [Bernstein and Newcomer, 2009]。系统控制器执行控制操作，包括确定租户迁移、目的地和发起迁移的时间。

Albatross 在对租户性能保持最小影响的同时，利用数据库结构语义实现高效的数据库迁移。这是通过迭代地传送数据库缓存和活动事务的状态来实现的。对于一个 2PL 调度器来说，事务状态包括锁表；对于 OCC 调度器来说，该状态包括活动事务的读写集合以及提交事务的子集。图 6-3 描述了 Albatross 将一个租户（P_{migr}）从源 DBMS 节点（N_{src}）迁移到目的 DBMS 节点（N_{dst}）的时间轴。总体迁移过程在下面描述的多个阶段中进行。

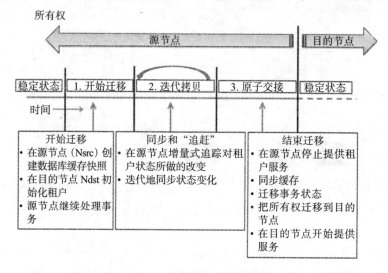

图 6-3　Albatros 的迁移时间轴（时间没有标明刻度）

阶段 1：开始迁移。迁移通过在 N_{src} 创建一个数据库缓存快照发起。然后该快照被复制到 N_{dst}。复制过程进行的同时，N_{src} 继续处理事务。

阶段 2：迭代拷贝。因为当 N_{dst} 利用快照进行初始化的时候，N_{src} 继续为 P_{migr} 的事务提供服务，因此，N_{dst} 上 P_{migr} 的缓存状态落后于 N_{src} 的缓存状态。在该迭代阶段，每一次迭代，N_{dst} 都努力"追赶"和同步 N_{dst} 与 N_{src} 上 P_{migr} 的状态。N_{src} 追踪两次连续的迭代之间对数据库缓存做的改变。在第 i 次迭代中，由于第 i-1 次迭代的快照被复制到 N_{dst}，所以会改变 P_{migr} 的缓存。当连续迭代之间传输的状态数量近似相等或者配置的最大迭代次数已经完成时，该阶段就中止。

阶段 3：原子交接。在该阶段，P_{migr} 的独占的读写访问（称作所有权）从 N_{src} 传送到 N_{dst}。N_{src} 停止对 P_{migr} 提供服务，并把最终不同步的数据库状态和活动事务的状态复制到 N_{dst}，将来自已提交事务的改变刷新到持久化存储中，把 P_{migr} 的控制转移到 N_{dst}，并把 P_{migr} 的新位置告诉查询路由器。为了确保发生故障时的安全性，该操作必须是原子操作。该阶段的成功执行可以使 N_{dst} 成为 P_{migr} 的所有者，并完成迁移。

迭代阶段会最小化交接阶段需要复制和刷新的 P_{migr} 状态的数量，从而最大程度地减少不可用窗口。在事务逻辑是在客户端执行的情况下，事务可以无缝地从 N_{src} 迁移到 N_{dst}，不会造成任何工作损失。交接阶段将活动事务状态和数据库缓存一起复制。对于 2PL 调度器来说，它会复制锁表状态，并且在 N_{dst} 上重新分配合适的锁；对于 OCC 调度器，它会复制活动事务的读写集合，也会复制已提交事务子集的读写集合，这些事务的状态需要用来验证新的事务。对于 2PL 调度器，活动事务的更新在数据库缓存中完成，因此，可以在最后的复制阶段进行复制；在 OCC 中，活动事务的本地写操作和事务状态一起被复制到 N_{dst}。对于以存储过程形式执行的事务，N_{src} 会跟踪在迁移过程中事务的调用参数。任何在交接阶段开始的时候处于活动状态的事务都会在 N_{src} 上被中止，并且在 N_{dst} 上自动重启。这样就可以迁移这些事务，而不移动 N_{src} 上的进程状态。N_{src} 上提交的事务的持久性可以通过同步两个节点的提交日志来确保。

在发生故障时，数据安全是最重要的，而迁移的完成进度是一个次要目标。Albatross 的故障模型假设可靠的通信信道、节点故障和网络分区，但是没有恶意节点行为。节点故障不会造成数据的全部丢失：要么是节点进行恢复，或者是数据从 NAS 中进行恢复，在 NAS 中，数据在 DBMS 节点故障之前完成了持久化。如果 N_{src} 或者 N_{dst} 在阶段 3 之前发生故障，P_{migr} 的迁移就会被中止。迁移进度到阶段 3 才会被记录。如果 N_{src} 在第 1 阶段或者第 2 阶段发生故障，状态得到恢复，但那时，由于在 N_{src} 的提交日志中没有持久化的迁移信息，P_{migr} 迁移中所取得的进展在恢复中会丢失。N_{dst}

最终会检测到该故障并中止该迁移。如果 N_{dst} 发生故障，迁移会再次中止，因为 N_{dst} 没有关于进展中迁移的任何日志项。因此，任何一个节点发生故障时，迁移都会被中止，并且节点的恢复不需要与系统中的其他任何节点进行协调。

原子交接阶段（阶段 3）主要包括以下步骤：（i）刷新 N_{src} 上来自于所有已提交事务的改变；（ii）在 N_{src} 和 N_{dst} 之间同步 P_{migr} 的剩余状态；（iii）把 P_{migr} 的所有权从 N_{src} 转换到 N_{dst}；（iv）通知查询路由器未来所有的事务都必须路由到 N_{dst} 上。第 iii 步和第 iv 步必须在第 i 步和第 ii 步之后才能执行。所有权的转移包括 3 个参与者：N_{src}、N_{dst} 和查询路由器，并且必须是原子的（即要么全部，或者一个都没有）。交接以一个原子转移事务和 2PC 协议实行，N_{src} 作为协调者，在发生故障的情况下确保原子性。在第一阶段，N_{src} 并行的执行步骤 i 和步骤 ii，并鼓励参与者投票。一旦所有的节点都确认操作并且投了赞成票，转移事务进入第二阶段，其中，N_{src} 放弃了对 P_{migr} 的控制，并转移给 N_{dst}。当其中一个参与者投否定票时，该转移事务被中止，并且 N_{src} 仍然作为 P_{migr} 的所有者。第 ii 步负责完成 N_{src} 上的转移事务，在记录结果之后，通知参与者最终的结果。如果交接成功，一旦 N_{dst} 接收到来自 N_{src} 的通知，就假定 P_{migr} 的所有权。每个协议动作都被记录在各自节点的提交日志中。正确性保证的形式化推理和 Albarross 的详细验证出现在 [Das, 2011] 中。

6.2.2　Zephyr：无共享数据存储的实时迁移

Zephyr 为执行短期运行事务的事务处理系统假定一个标准的无共享数据库模型，以及一个 2PL 调度器和基于 B+ 树索引的页模型。图 6-4 提供了该架构的概述。接下来是该系统的主要特征。首先，客户端通过查询路由器连接到数据库，查询路由器负责处理客户端连接并隐藏租户数据库的物理位置。路由器把该映射存储为元数据，当发生迁移时，元数据会更新。其次，Zephyr 假定共享进程多租户模型，该模型在隔离性和规模之间寻求平衡。从概念上讲，每个租户都有自己的事务管理器和缓冲池。然而，由于大部分现有的系统都不支持这一特征，Zephyr 假定所有托管租户在一个数据库实例中共享所有的资源，但是，在节点之间无共享。最后，系统控制器决定要迁移的租户、发起时间和迁移目的地。系统控制器收集使用统计信息并构建模型来优化系统操作成本，同时确保租户的性能目标。控制器的详细设计和实现是正交的，并在云中多租户数据库的自主控制方面进行了评估（参见 6.3 节）。Zephyr 对底层系统模型也做了一些简单假设：假定少量的租户足迹被限制到系统中的单个节点上，没有复制；并且，迁移过程中索引结构不能改变，即，如果一个事务更新会导致底层索引结构的结构性改变，那么该事务就会被中止。

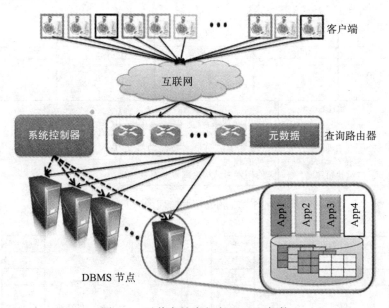

图 6-4　无共享的多租户 DBMS 架构

　　Zephyr 的主要设计目标是最小化因租户数据库（D_M）迁移而产生的服务中断。Zephyr 不会引起停止阶段，在停止阶段，D_M 对于执行更新不可用；当事务在 D_M 上执行的时候，Zephyr 使用一个三种模式的序列以允许 D_M 迁移。在正常操作中（称为正常模式），N_S 是负责服务 D_M 的节点，并在 D_M 上执行所有的事务 $T_{S1}, \cdots, T_{Sk}$。有权执行 D_M 上的更新事务的节点称为 D_M

的所有者。一旦系统控制器确定了迁移目的地（N_D），就会通知 N_S，N_S 会发起到 N_D 的迁移。图 6-5 显示了该迁移算法的时间轴、控制以及节点之间交换的数据信息。随着时间从左往右推移，图 6-5 展示了不同迁移模式的进展，从发起迁移的初始模式（init mode）开始，在双重模式（dual mode）中，N_S 和 N_D 共享 D_M 的所有权并同时执行 D_M 上的事务，完成模式（finish mode）是 N_D 之前迁移的最后一步，它假定拥有 D_M 的全部所有权。图 6-6 显示了在三个迁移模式之间 D_M 数据的转变，使用数据库页的所有权和执行事务进行描述。

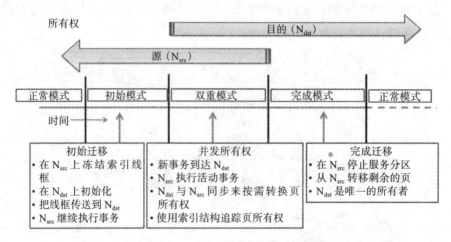

图 6-5　Zephyr 不同阶段的时间轴

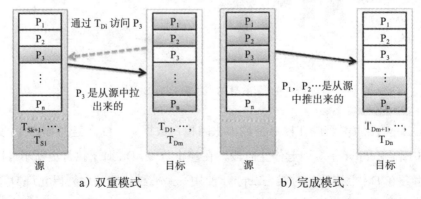

图 6-6　迁移期间数据库页的所有权转移。P_i 表示数据库页，P_i 周围的白色框表示该节点目前拥有该页

初始模式： 在初始模式中，N_S 通过发送最少的信息（D_M 的线框图）来引导 N_D，从而使得 N_D 可以执行 D_M 上的事务。线框图包括架构和 D_M 的数据定义、索引结构和用户认证信息。迁移的索引包括存储数据库的聚簇索引的内部节点以及所有的二级索引。非索引属性通过聚簇索引进行访问。在该模式中，N_S 仍然是 D_M 的唯一所有者，并且可以执行事务 $T_{S1}, \cdots, T_{SK}$，而不需要与任何其他节点同步。因此，D_M 的服务没有中断，同时，N_D 可以为 D_M 初始化必要的资源。我们假定一个 B+ 树索引，其中，索引的内部节点只包括键，而实际的数据页在叶子节点。因此，线框图只包括数据库表索引的内部节点。图 6-7 显示了这一点，其中，包含在矩形盒子中的树的部分是索引线框（index wireframe）。在 N_S 上，线框图的构成对并发操作的影响最小，这些操作使用索引上的共享多粒度意向锁。当 N_D 收到线框图，其中包括 D_M 的元数据，但是数据仍然归 N_S 所有。因为迁移包括页级所有权的逐步转移，因此，N_S 和 N_D 必须维护一个所拥有的页的列表。可以使用 B+ 树索引来追踪页所有权。指向数据库页的有效指针意味着唯一的页所有权，而一个标记值（NULL）则表明是一个丢失页。在初始模式中，N_D 把指向索引的叶子节点的所有指针都初始化为标记值。一旦 N_D 完成了 D_M 的初始化，它就会通知 N_S，然后发起到双重模式的转换。N_D 执行原子交接协议，该协议通知查询路由器将所有新的事务导向 N_D。

双重模式（dual mode）：在双重模式中，N_S 和 N_D 都执行 D_M 上的事务，数据库页按需迁移到 N_D。所有的新事务（$T_{D1}, \cdots, T_{Dm}$）都到达 N_D，而 N_S 继续执行在该模式初始阶段（$T_{Sk+1}, \cdots, T_{Sl}$）处于活动状态的事务。由于 N_S 和 N_D 共享 D_M 的所有权，因此，它们保持同步从而确保事务的正确性。然而，Zephyr 在节点之间只要求最小的同步。

在 N_S 上，事务使用本地索引和页级锁来正常执行，直到事务 T_{Sj} 访问数据页 P_j，而 P_j 已经被迁移。在 Zephyr 的当前设计中，一个数据库页只被迁移一次。因此，如果这种访问失败了，该事务就会被中止。当在 N_D 上执行的事务 T_{Di} 访问不归 N_D 所有的页 P_i 时，T_{Di} 就会按需从 N_S 请求 pull P_i（图

6-6a 中的 pull 阶段）；只有当 P_i 在 N_S 上没有被锁时，该 pull 请求才会得到服务，在这种情况下，该请求会被阻塞。数据页被迁移后，N_S 和 N_D 会更新它们的所有权映射。一旦 N_D 接收到 P_i，会继续执行 T_{Di}。除了从 N_S 获取丢失页之外，N_S 和 N_D 上的事务不需要同步。由于 Zephyr 有一个严格的要求，即，一旦发起迁移，N_S 上的索引结构就不能改变，索引结构和页的本地锁就足够了。这就可以仅仅在短期双重模式期间确保最小同步，同时确保可串行化的事务执行。

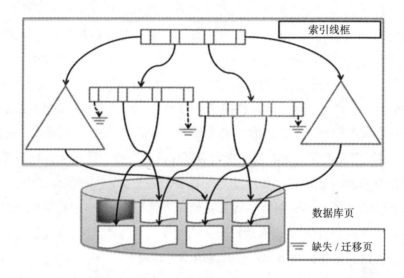

图 6-7　带有页所有权信息的 B+ 树索引结构。一个标记标识缺失页。一个分配的没有所有权的数据库页用灰色页来表示

当 N_S 完成了所有事务（$T_{Sk+1}, \cdots, T_{Sl}$）的执行后，这些事务在双重模式的初始阶段就处于活动状态（即 $T(N_S) = \varnothing$），N_S 就会将独占的所有权转移给 N_D。这种转移通过 N_S 和 N_D 之间的握手来实现，之后，两个节点都为租户数据库 D_M 进入完成模式。

完成模式（finish mode）：在完成模式中，N_D 是在 D_M 上执行事务（$T_{Dm+1}, \cdots, T_{Dn}$）的唯一节点，但是还没有拥有所有数据库页的所有权（图 6-6b）。在该阶段，N_S 把剩下的数据库页推送给 N_D。当数据库页从 N_S 迁移过来时，如果事务 T_{Di} 访问一个不为 N_D 所有的页时，该页作为来自 N_S 的一个 pull 被请求，其方式与双重模式中的类似。理想情况下，N_S 必须以最高可能的转移率来迁移页，从而最小化因 N_D 获取丢失页而产生的延迟。然而，如此高吞吐量的 push 会影响托管在 N_S 和 N_D 上的其他租户。因此，转移率是在对租户的性能影响和迁移开销之间的一个折中。在批量传输过程中，页面所有权信息也被更新了。当所有的数据库页都迁移到 N_D，N_S 会启动迁移中止，从而使操作返回到正常模式。这又包含了 N_S 和 N_D 之间的一次握手。握手成功完成时，可以保证 N_D 有一个 D_M 的持久化镜像，这样，N_S 就可以安全地释放 D_M 的所有资源。N_D 可以执行 D_M 上的事务，无需与 N_S 做任何交互。一旦迁移中止，N_S 会通知系统控制器。

Zephyr 在迁移过程中事务执行的正确性可以通过如下假定来实现：假定底层架构使用的是并发协议，如 2PL。在初始模式和完成模式，N_S 和 N_D 中只有一个正在执行 D_M 上的事务。初始模式与完成模式中的正常操作等价，N_S 充当数据库的存储节点，按需提供页服务。在这两种模式中保证可串行化比较简单。由于 N_S 和 N_D 都在 D_M 上执行事务，因此，双重模式中的正确性推理更为复杂。在双重模式中，N_S 和 N_D 共享索引的内部节点，基于 Zephyr 的假设，该索引是不变的，同时，叶子节点（即数据页）最多被两个节点中的一个节点唯一拥有。需要说明的是，如果双重模式的串行图中有环出现，那么这种情况肯定是在冲突图中存在一条 $T_{Di} \rightarrow T_{Sj}$ 形式的边。但是这种边的存在就违反了 Zephyr 的如下特性：数据页只能迁移一次并且只能沿从 N_S 到 N_D 的方向迁移。[Elmore et al., 2011] 给出了完整的正确性证明。

Zephyr 的故障模型假定所有的消息传输都使用可靠的通信信道，该信道可以确保按顺序传输，并且最多传输一次。Zephyr 假定节点崩溃故障和网络分区；但是假设没有恶意节点行为。此外，还假设节点故障不会造成持久化磁盘镜像的丢失。迁移过程中出现故障的情况下，Zephyr 首先恢复已提交事务的状态，然后再恢复迁移的状态。

事务状态恢复（Transaction State Recovery）。迁移期间的事务执行使用提前写日志进行事务状态恢复。因此，发生系统崩溃后，节点使用标准日志重放技术（如 ARIES）[Mohan et al., 1992] 来进行事务状态恢复。在双重模式中，N_S 和 N_D 把事务追加到各自节点的本地事务日志中。单个日志文件中的日志项有一个局部顺序。然而，由于 D_M 的日志分布于 N_S 和 N_D，因此，就需要一个 D_M 上事务的逻辑全局顺序，确保来自两个日志的事务以正确的顺序执行，从而实现在迁移过程中从故障中进行恢复。只有当两个事务之间有冲突时，事务顺序才比较重要。如果 N_S 和 N_D 上的两个事务 T_S 和 T_D 在项 i 上冲突，那么，它们必须访问相同的数据库页 P_i。由于在任何时刻，N_S 和 N_D 中只有一个是 P_i 的所有者，这两个节点必须同步，并对 P_i 进行仲裁。该同步构成了事务之间建立全局顺序的基础。迁移过程中，每个事务在提交时都会赋予一个提交顺序号（commit sequence number，CSN），并与事务的提交记录一起被追加。CSN 是一个单调递增的顺序号，可在节点本地进行维护，并且可以决定事务提交的顺序。如果 N_S 拥有 P_i，并且 T_S 是 P_i 迁移请求之前提交的最后一个事务，那么，$CSN(T_S)$ 将带有 P_i。一旦收到 P_i 页，N_D 就把自己的 CSN 设置为本地 CSN 的最大值，从而使得在 N_D 上，$CSN(T_D) > CSN(T_S)$。该因果冲突排序将为每一个数据库页创建一个全局顺序，其中，N_S 上访问 P_i 的所有事务在 N_D 上访问 P_i 的所有事务之前进行排序。

迁移状态恢复（Migration State Recovery）。迁移进度被记录下来，从而在出现故障时可以确保原子性和一致性。在双重模式或完成模式中，N_S 或 N_D 的故障都需要两个节点之间的协调恢复。迁移过程中，一个状态到另一个状态的转换都需要记录下来。除了初模式到双重模式的转换外，该转换既包括 N_S 和 N_D，又包括查询路由元数据，其他所有的转转仅包括 N_S 和 N_D。这种转换通过 N_S 和 N_D 之间的单阶段据手来实现（如图 6-5 所示）。触发状态转换的事件发生时，N_S 通过向 N_D 发送一个消息来发起转换。一旦收到该消息，N_D 会转移到下个迁移模式，并为该转换记录一个日志项，向

N_S 发送一个确认通知。收到确认通知后就意味着该转换完成，N_S 再在日志中记录另外一个日志项。如果 N_S 在向 N_D 发送消息之前发生故障，N_S 恢复的时候模式保持不变，N_S 会重启该转换。如果 N_S 在发送消息之后发生故障，那么它就会知道恢复之后的消息，并与 N_D 建立联系。初始模式到双重模式的转换包括三个参与者（N_S、N_D 和查询路由器元数据），三个参与者必须一起修改该状态，因此，需要使用 2PC 协议，并且，分布式环境中切换过程的原子性直接遵从 2PC 的原子特性。页所有权信息对于迁移进度和安全性是至关重要的。一个简单的容错设计是使所有权信息持久化，即，来自于 N_S 的任何一页（P_i）立即刷新到 N_D 的磁盘上。N_S 可以通过记录转移或者更新索引中 P_i 的父页并刷新到磁盘，从而确保这种转移是持久的。这种简单的方案可以确保对故障的恢复能力，但是，也会带来大量的磁盘 I/O，会大大增加迁移的代价，并对其他托管租户造成一定的影响。Elmore et al. [2011] 针对这种情况介绍了几种优化方案。

6.2.3　Slacker：无共享模型中实时 DBMS 实例迁移

下面我们简单总结一下 Slacker[Barker et al., 2012] 的设计方案，其设计与前面介绍的两种实时数据库迁移方案刚好相反。Slacker 是这样的一个系统，它可以进行快速的数据迁移，并且可以最小化迁移成本，如，系统停机时间、租户干扰和人为干预。Slacker 是 NEC 的云综合数据管理平台的一个组成部分，CloudDB [Hacigümüs et al., 2010, Tatemura et al., 2012]。Slacker 的设计理念总结如下：

❑ Slacker 的设计目的是作为一种使用标准数据库备份工具进行实时数据库迁移（零停机时间）的技术。与其他实时数据库迁移技术不同，Slacker 是独一无二的，因为它可以使用开源工具在现成的数据库系统上进行操作。不需要对数据库引擎进行修改，可以在数据库产品之外进行实现。

❑ Slacker 采用了迁移时间裕量（migration slack）的想法，迁移时间裕量是指可以用于迁移，但是又不会对数据库服务器上已有的负载造成太大影响的资源。在实现中可以使用一个形式化的数据模型来持续监视该时间裕量，从而通过使用迁移节流来最小化干扰。这种方法是基于控制理论的一种新的应用。

Slacker 实现为一个中间件，位于一个或多个 MySQL 租户之上。运行 Slacker 实例的每个服务器操作一个单一的服务器范围的迁移控制器，该控制器可以将服务器上的 MySQL 实例迁移到其他运行 Slacker 的服务器上。除了迁移现有的租户之外，该中间件还负责为新租户实例化（或删除）MySQL 实例。每个 Slacker 节点都以自治方式运行，并且只与以迁移租户为目的的其他节点通信。

Slacker 使用 InnoDB 表与 MySQL 后端数据库进行交互⊖。Slacker 中的多租户模型是进程级别的，即，托管在服务器上的每个租户都有一个专用的、在特定端口上进行监听的 MySQL 守护进程。每个租户对自己的守护进程拥有全部的控制权，并且可以创建任意的数据库、表和用户。添加一个租户就是创建一个新的数据目录，该目录包含所有的 MySQL 数据，包括表数据、日志和配置文件。同样，删除一个租户可以通过停止服务器进程并删除租户的数据目录来实现。从 Slacker 的角度来看，每个租户就是一个包含所有数据和对应 MySQL 进程的目录。Slacker 对租户来说是透明的，租户根本不需要知道 Slacker，并且可以直接与他们的 MySQL 在分配的端口上进行交互。

选择进程级多租户，而非单租户，统一数据库服务器（包含所有的租户）有两个主要优势。首先是增加租户之间的隔离性，由于每个数据库服务器都在尽最大努力的基础上对待自己的租户。这可以防止诸如因竞争工作负载而带来的缓冲页驱逐现象，从而可以通过从不超过配置内存的方式来避免任何缓冲区重叠的情况。第二个优势是工程的简单化，这主要是因

⊖　InnoDB 是 MySQL 的一个高可靠、高性能和符合 ACID 特性的存储引擎。http://dev.mysql.com/doc/refman/5.0/en/innodb-storage-engine.html。

为每个租户的资源在服务器上都是干净分离的。这些优势是以适度的单租户内存开销和与统一数据库管理系统相比吞吐量的下降为代价的 [Curino et al., 2011a]。。

　　Slacker 本身作为一个 Java 框架来实现，可以用来创建、删除和迁移数据库租户。每个服务器上的迁移控制器可以监视机器上的所有租户，并且可以管理任何进行中的迁移。租户可以用全局唯一的数值型 ID 来表示，可以用来向 Slacker 发出指令（如，把租户 5 迁移到服务器 x）。Slacker 迁移控制器之间的通信是 P2P 形式的，使用一种基于谷歌协议缓冲器（Google's protocol buffers [Google Protocol Buffers]）的简单形式。迁移可以通过连接到另一个控制节点和发起一个特定租户的迁移来按需执行。对客户端应用来说，与特定租户数据库的通信只需要知道租户所在的机器以及租户 ID 即可，因为数据库端口是 ID 的一个固定功能。这种方法只会在迁移执行后出现问题，因为租户不会再驻留在原来的服务器上。该问题可以通过发布一个广播新 IP 地址的 ARP 包来干净利落地解决（同 [Clark et al., 2005]）。

　　Slacker 中的实时迁移使用 Percona XtraBackup 工具 [Percona]，该工具是商业化 MySQL 企业级备份程序的扩展、开源版本。以热备份为主要目的，XtraBackup 产生一个时间一致的数据库快照，而不中断事务处理。Slacker 利用这种热备份功能来获取一个一致性快照，该快照可用于启动新的 MySQL 实例。Slacker 中的迁移包括三个步骤。在初始快照传递阶段，Slacker 将 XtraBackup 产生的初始快照传送到目的服务器，然后在目的服务器准备快照，同时，资源继续为查询提供服务。在准备过程中，XtraBackup 对复制数据应用崩溃恢复。由于准备快照所花费的时间，一旦目的服务器正在运行，它可能是在仍然权威的源服务器的后面。为了让目的地与源保持一致，Slacker 从源到目的地迭代地使用增量更新，该方法与 Albatross 的迭代阶段类似。在 Δ 更新阶段，通过读取源的 MySQL 二进制查询日志，Slacker 从源到目的地使用若干轮 δ_i。每个 δ_i 包括在源端处理的更新事务的修改，这些更新事务是指上次迭代的快照以来的事务。在 δ_i 开始执行的时候，每个 δ_i 都会为目的地带来最新消息。随后的 δ_{i+1} 包括与事务相对应的修改，这些事务是在当 δ_i 应用于目的地的时候开始执行的。在切换阶段，一旦 δ_i 足够小，就会执行一个非常简单的冻结和切换过程（freeze-and-handover），在该过程中，源被冻结，最终的 δ_N 被复制，目标成为新的权威租户。[Barker et al., 2012] 对 Slacker 进行了更为详细的分析和评估。

6.3　云中数据库负载的自动控制

大规模系统的管理在监视、管理和系统操作等方面都呈现出一些重要挑战。此外，为了降低运行成本，这些系统的管理需要相当大的自主性。在数据库系统中，这种自主控制器的职责包括监控系统的行为和性能、弹性扩展和基于动态使用模式的负载均衡、行为建模以预测负载峰值，并采取积极措施来处理这些峰值。自主的、智能的系统控制器对管理这种大型系统至关重要。

在过去几十年中，数据库系统的行为和性能调整建模一直是一个活跃的研究领域。大量的著作关注于调整适当的优化数据库性能的参数 [Duan et al., 2009, Weikum et al., 2002]，尤其是在单个数据库服务器的情况下。另一类著作主要关注大型分布式系统中的资源预测、分配和放置策略 [Bodík et al., 2008, Urgaonkar et al., 2007]。

实时虚拟机迁移和工具，如 VMware 的分布式资源调度器 [DRS]，用于在主机集群上实现自动的虚拟机放置，从而实现 CPU 和内存资源的有效、快速管理。最近，很多公司，如 VMware，逐步认识到 I/O 工作的自动布局和负载均衡的必要性，这些 I/O 工作来自于不同的存储设备，特别是来自于不同工作负载和热点的 I/O 行为可能导致严重的不均衡。因此，数据中心（见图 6-8）的虚拟存储管理就需要自动控制，自动控制与数据库多租户关系密切，我们回顾了这方面的最新研究成果。需要注意的是，我们这里讨论的内容具有一定的代表性，但并不全面。在自主计算领域和虚拟存储管理方面都有大量的著作。

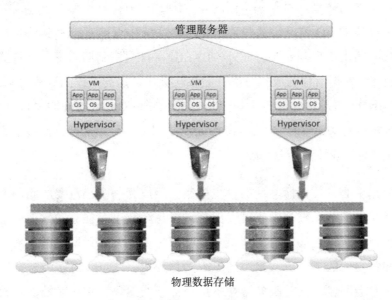

图 6-8　大型数据中心的存储虚拟架构

　　虚拟环境下需要自动存储管理，这主要是由于存储高度集中而数十个甚至上百个数据存储的虚拟磁盘则分布在四处。图 6-8 展示了数据中心的计算和存储资源的典型配置。虚拟磁盘的初始放置和不同物理数据存储区的数据迁移需要以工作负载特性、设备模型和分析公式为基础，以提高 I/O 性能和利用率。VMware 已经开发了 BASIL[Gulati et al., 2010] 工具，该工具主要用于实现跨多个存储设备的自动 I/O 负载均衡。BASIL 的关键特性是它假设 I/O 延迟是系统整体性能的关键指标，并且，它提供了工作负载和设备行为的在线特征的简单模型。特别是，通过广泛的实证观察，BASIL 表明 I/O 延迟与一个设备上未完成的 I/O 请求的数量呈线性关系。因此，BASIL 使用延迟作为一个重要的指标来控制虚拟磁盘和数据在物理存储设备的位置和迁移。

　　BASIL 已经在实际生产中得到应用，VMware 最近报道了一些挑战，这些挑战与其在实际部署环境中的使用有关。其中一个问题是，BASIL 模型是基于实际工作负载的被动观测，这会导致随着时间的推移，相同的设备会有不同的模型。另外一个问题是，BASIL 中鲁棒模型的创建需要覆盖大量未完成的 I/O 请求，这些请求在生产系统中可能观察不到，甚至是经过很长时间也不会观察到。此外，BASIL 在自主控制期间不会进行成本效益分析（即数据迁移的成本与潜在的吞吐量或延迟的改进间进行对比）。因此，VMware 的开发组提出了一个新的称为 Pesto[Gulati et al., 2011] 的系统，该系统可以克服这些限制。Pesto 的建模原则仍然是以延迟与设备上未完成的 I/O 之间的线性关系为基础。

数据中心中数据库驱动的自主控制已经成为一个很重要的问题，因为一个组织内的单个数据中心可以部署数百甚至数千个独立的数据库。数据库多租户具有显著的价值，其中，通过分析多个专有数据库服务器的负载特点并将它们的工作负载集中到更少的物理机器，可以对多个数据库进行合并。如上所述，合并服务器并不是一个新的想法，它一直推动着数据中心中虚拟机和虚拟存储的大范围部署。但是，合并数据库更困难，因为关于底层物理系统的特性和性能，DBMS 做了一个强假设。

Curino et al. [2011b] 开发了一种称为 Kairos 的负载感知的数据库监测和合并系统。Kairos 主要解决了两大挑战：（i）开发了一个能准确监控每个数据库的资源利用率的工具，并能够预测一个 DBMS 实例内的数据库集合的利用率；（ii）提供了在物理硬件上的数据库放置算法。Kairos 从运行在专用服务器上的独立数据库负载集合开始。Kairos 的输出是把工作负载映射到物理节点的合并策略。合并以后，每个物理节点运行一个 DBMS 实例，该实例包括多个数据库，同时满足应用程序服务级别的要求。从这种意义上来说，Kairos 支持多租户的共享进程模型。

Kairos 架构主要包括 3 个部分：（i）资源监视器；（ii）组合负载估计器；（iii）合并引擎。资源监视器收集来自于 DBMS 引擎和操作系统的性能统计信息，用来估计资源消耗，并以联机方式描述单个数据库的工作负载。组合负载估计器使用运行在专用硬件上的单个数据库的工作负载特性作为输入，并通过运行一个算法来预测单个数据库中组合工作负载的性能特性。针对交互的建模对磁盘 I/O 来讲非常具有挑战性，因为磁盘吞吐量是工作负载的复杂的非线性函数，这与 CPU 或内存相反，后两者一般是线性关系。Kairos 针对每个给定的 DBMS，开发一个特定硬件的模型，从而解决了该挑战，并可以评估不同负载类型的任意组合的性能。最后，Kairos 中的组合引擎使用非线性优化技术来寻找数据库到物理资源的分配，该分配需满足如下约束条件：（i）机器数量最小化；（ii）机器之间的负载均衡最大化；（iii）每个负载的服务级的要求需要满足。

需要注意的是，虽然 Kairos 在多租户数据库环境中下的自主控制方面有重大进步，但这仍然只是第一步。特别是，Kairos 通过在共享进程多租户模型的物理机器中产生租户数据库的最佳分配方案来解决针对多租户的初始步骤。只要单个租户的工作负载特性保持不变，该放置方案就会奏效。然而，在实际应用当中，租户负载会随时间发生改变，因此，需要对合并的租户放置方案进行持续监控，并且还需要开发一个在线算法，用来重新调整租户使用率，从而响应工作负载的变化。此外，最终的控制机制需要处理新租户的加入以及租户的离开。我们在下面勾勒出了这种机制的一种概念性设计。我们不知道目前有任何解决方案可以提供多租户数据库中的自主控制所需的终端到终端的方案。

为了实现云数据库管理系统的自我管理，智能系统控制器还必须考虑各种其他因素，尤其是当数据库系统部署在一个按使用付费的云基础设施上，同时服务多个应用程序租户实例时，即多租户云数据库系统。在这样一个多租户系统中，每个租户为所使用的服务付费并且系统内不同的租户之间可以有相互矛盾的目标。另一方面，服务提供商必须在租户之间共享资源，有可能的话，最小化运行成本，最大化收益。这种系统的控制器必须能够对动态特性和不同应用程序租户的资源需求进行建模，从而允许弹性扩展，同时保证较好的租户性能并确保租户的服务级协议（SLA）得到满足。一个自主控制器包括两个逻辑组件：静态组件和动态组件。

静态组件主要负责对租户行为和资源使用进行建模，从而确定租户放置策略，将具有互补资源需求的租户托管在一起。这种租户放置策略的目的是最小化总体资源利用率，因而最小化运行成本，同时确保租户的 SLA 得到满足。一个潜在的方法是使用一种机器学习技术组合来对租户行为进行分类，接下来利用租户放置算法来确定最优的租户托管和组合。这种模型假设，一旦一个租户的行为被建模并且确定了租户放置策略，系统就会按照负载被建摸的方式运行，因此被称为静态组件。动态组件通过检测工作负载和资源使用行为的动态变化对静态模型进行补充，模拟整个系统的行为，以确定弹性负载均衡的时机，选择满足动态行为所需要的租户放置策略的最小变化，并使用实时数据库迁移技术对租户进行重新均衡。除了对租户行为进行建模外，预测迁移代价也很重要，这样，最小化运行成本的迁移就不会影响租户的 SLA。我们再次设想使用机器学习模型来预测租户的迁移成本，当决定迁移哪个租户、何时迁移、往什么地方迁移时，替换模型也会计入该成本 [Das et al., 2010c]。

6.4　讨论

随着越来越多的应用程序部署在不同的云平台中，在这种架构中，对支持多租户的有效方式的需求日益增长。本章中，我们对多租户数据库管理系统设计方面的一些重要方面进行了总结：在多租户数据库管理系统中进行共享的各种设计方案和概念，实时迁移技术是支持弹性功能的基本原语，弹性是数据库层的最重要的特性，以及设计自主管理控制器的技术，自主管理控制器可以在最小的甚至无人为干预的情况下，管理大规模多租户数据库管理系统。

一般来说，DBMS 并不是原生支持多租户的。因此，独立租户数据库之间资源的有效共享面临很多有趣的研究挑战。经常被问到的一个根本问题是，服务提供商能够为服务租户提供什么样的性能保障。目前的状况表明服务提供商仅为服务的可用性提供 SLA ；性能方面很少有所保证。理想情况下，租户期望得到负载级别性能的 SLA，如查询吞吐量、查询延迟。亚马逊的 DynamoDB 在这方面迈出了第一步。然而，对 SLA 的仔细研究表明，吞吐量保证仅仅是用于最大支持限制。一个很自然的问题是，当其他租户争夺共享资源时，最大保证是否足以满足应用程序的性能目标。

从提供商的角度来看，在租户有可能执行各种不同的工作负载时，以较高的置信度来提供这种负载级别的性能保证比较具有挑战性。此外，对于关系型的数据库即服务提供商（如 Microsoft SQL Azure）来说，由于需要对租户应用程序提交的任意的、灵活的和即席的查询提供支持，支持负载级性能的 SLA 会更具有挑战性。例如，当租户提交服务提供商之前没有见过的一个新的 SQL 查询时，如下任务极具挑战性：准确地估计执行查询所需要的资源；在资源可用的情况下，估计查询所用的时间；估计查询何时开始执行以及查询进度。而这些问题对于 OLTP 类型的短事务来说相对比较容易处理，一个平台必须能够执行多种不同的查询类型。

随着我们对多租户 DBMS 理解的加深，以及部署在云设施中的各种应用程序负载的增加，观察数据库即服务的图景的成熟度以及这些服务的租户如何依据不断改变的图景调整它们的负载和性能要求，会比较有趣。

第 7 章

结 束 语

过去几年间，云计算已经成为一个数十亿美元的产业，并成为 Web 应用程序部署的成功范例。不论是云提供商还是云概念，数据对于部署在云中的应用来说都是最重要的。因为数据库管理系统（DBMS）存储和服务着应用程序的关键数据，它们在云软件堆栈中形成一个关键任务组件。部署在云基础设施中并为不同应用程序提供支持的 DBMS 面临着独特的挑战。当前研究和开发工作的总体目标是使 DBMS 能够横向扩展，并且，能够有效支持事务语义，可以保持弹性，但又不会带来较高的性能开销。一方面，使用普通服务器集群进行横向扩展的能力可以允许 DBMS 利用规模经济，并且，有效支持事务语义的能力也可以简化应用程序的设计。另一方面，实时 DBMS 中节点数量动态扩展和缩小的能力允许系统在负载较低时减少节点数量，在负载增加时添加新的节点。这种弹性扩张利用了"按使用付费"的云基础设施，从而最小化系统的运行成本，并确保较好的性能。

本书总结了大规模事务处理和轻量级弹性两个重要方面的最新进展。在大规模事务处理中，我们回顾了若干系统的设计和实现方案，这些系统通过使用一系列借鉴于分布式计算和数据库事务处理领域的经典技术来努力提供对基础数据的事务访问。在 DBMS 的轻量级弹性中，我们回顾了最近提出的用于针对不同数据库架构类型的实时数据迁移技术的设计和实现方案。我们想说明的是，云中可扩展数据管理领域的发展相对比较迅速。例如，最近谷歌和 Facebook 公司都公布了新的数据管理架构和系统，可以实现存储在云中的数据的事务一致性。特别是，谷歌最近部署了一个称为 Spanner[Corbett et al., 2012] 的系统，该系统可以在多云环境中管理事务数据。同样，Facebook 最近也展示了一个称为 Tao[Venkataramani et al., 2012] 的系统，这是为数不多的使用应用程序级别事务的操作语义来确保 NoSQL 数据存储中事务原子性的系统之一。对云计算基础设施来说，深入理解大规模事务处理和数据库的轻量级弹性对设计下一代 DBMS 至关重要。

在传统的企业环境中，事务处理和数据分析一般都是作为独立的系统来进行管理的。这种区分背后的原因是 OLTP 和分析负载有非常不同的特点和要求。因此，在性能方面，将两种不同类型的系统进行分开是一种谨慎的选择 [Stonebraker et al., 2007]。然而，随着实时数据分析需求的日益增长，以及管理两种不同系统的成本的不断增加，急需将事务处理和数据分析系统进行整合，特别是在云基础设施中。本书中，我们主要关注于 OLTP 系统的设计，并介绍这些系统的设计原则和架构。这些混合系统设计中的一个主要挑战是寻找合适的设计原则和架构，从而允许扩展、弹性和增强功能。对设计空间和候选系统的深入分析，对于总结在线事务和分析处理系统（OLTAP）的设计原则至关重要。

目前的云基础设施由大型数据中心的静态集合组成。该模型忽略了位于数据中心之外的大量计算能力。我们可以设想一个动态云，它由静态云和核（core）集合构成，其中，静态云形成基础设施的核心，核集合可以随时动态加入云中。这种基础设施面临着超越目前这一代云基础设施的挑战。这些挑战包括，如何提供一个跨动态云核集合的一致的、统一的命名空间？这种大规模动态环境的一致性模型和抽象是什么样的？

当剩余产能可用时，如何进行有效整合？如何有效地迁移负载和数据以及在多个核之间高效地复制状态？如何对这种大规模系统进行监控和建模？将弹性、自主管理和可扩展系统方面的设计扩展到跨越更大规模操作、更高网络延迟和较低网络带宽的动态云基础设施中是未来一个重要、有价值的研究方向。

Divyakant Agrawal, Amr El Abbadi, Shyam Antony, and Sudipto Das. Data Management Challenges in Cloud Computing Infrastructures. In *6th Int. Workshop on Databases in Networked Information Systems*, pages 1–10, 2010. DOI: 10.1007/978-3-642-12038-1_1 Cited on page(s) 5

Marcos K. Aguilera, Arif Merchant, Mehul Shah, Alistair Veitch, and Christos Karamanolis. Sinfonia: a new paradigm for building scalable distributed systems. In *Proc. 21st ACM Symp. on Operating System Principles*, pages 159–174, 2007. DOI: 10.1145/1323293.1294278 Cited on page(s) 79, 81

Apache Hadoop. The Apache Hadoop Project. http://hadoop.apache.org/, 20012. Retrieved October 1, 2012. Cited on page(s) 4

Stefan Aulbach, Torsten Grust, Dean Jacobs, Alfons Kemper, and Jan Rittinger. Multi-tenant databases for software as a service: schema-mapping techniques. In *Proc. ACM SIGMOD Int. Conf. on Management of Data*, pages 1195–1206, 2008. DOI: 10.1145/1376616.1376736 Cited on page(s) 86

Jason Baker, Chris Bond, James Corbett, JJ Furman, Andrey Khorlin, James Larson, Jean-Michel Leon, Yawei Li, Alexander Lloyd, and Vadim Yushprakh. Megastore: Providing Scalable, Highly Available Storage for Interactive Services. In *Proc. 5th Biennial Conf. on Innovative Data Systems Research*, pages 223–234, 2011. Cited on page(s) 42, 60

Mahesh Balakrishnan, Dahlia Malkhi, Vijayan Prabhakaran, and Ted Wobber. CORFU: A Shared Log Design for Flash Clusters. In *Proc. 9th USENIX Symp. on Networked Systems Design & Implementation*, 2012. Cited on page(s) 67

Sean Barker, Yun Chi, Hyun Jin Moon, Hakan Hacigümüş, and Prashant Shenoy. "cut me some slack": latency-aware live migration for databases. In *Proc. 15th Int. Conf. on Extending Database Technology*, pages 432–443, 2012. DOI: 10.1145/2247596.2247647 Cited on page(s) 98, 100

Hal Berenson, Phil Bernstein, Jim Gray, Jim Melton, Elizabeth O'Neil, and Patrick O'Neil. A critique of ANSI SQL isolation levels. In *Proc. ACM SIGMOD Int. Conf. on Management of Data*, pages 1–10, 1995. DOI: 10.1145/568271.223785 Cited on page(s) 51, 77

P. A. Bernstein, V. Hadzilacos, and N. Goodman. *Concurrency Control and Recovery in Database Systems*. Addison Wesley, Reading, Massachusetts, 1987. Cited on page(s) 18

Philip Bernstein, Colin Reid, and Sudipto Das. Hyder - A Transactional Record Manager for Shared Flash. In *Proc. 5th Biennial Conf. on Innovative Data Systems Research*, pages 9–20, 2011a. Cited on page(s) 48, 65

Philip A. Bernstein and Eric Newcomer. *Principles of Transaction Processing*. Morgan-Kaufmann Publishers Inc., second edition, 2009. Cited on page(s) 22, 57, 90

Philip A. Bernstein, Istvan Cseri, Nishant Dani, Nigel Ellis, Ajay Kalhan, Gopal Kakivaya, David B. Lomet, Ramesh Manner, Lev Novik, and Tomas Talius. Adapting Microsoft SQL Server for Cloud Computing. In *Proc. 27th Int. Conf. on Data Engineering*, pages 1255–1263, 2011b. DOI: 10.1109/ICDE.2011.5767935 Cited on page(s) 43, 58, 60

Philip A. Bernstein, Colin W. Reid, Ming Wu, and Xinhao Yuan. Optimistic concurrency control by melding trees. *Proc. VLDB Endowment*, 4(11):944–955, 2011c. Cited on page(s) 67

Kenneth P. Birman. Replication and fault-tolerance in the isis system. In *Proc. 10th ACM Symp. on Operating System Principles*, pages 79–86, 1985. DOI: 10.1145/323647.323636 Cited on page(s) 14, 15

Peter Bodík, Moisés Goldszmidt, and Armando Fox. Hilighter: Automatically building robust signatures of performance behavior for small- and large-scale systems. In *Third Workshop on Tackling Computer Systems Problems with Machine Learning Techniques*, pages 1–6, 2008. Cited on page(s) 100

Matthias Brantner, Daniela Florescu, David Graf, Donald Kossmann, and Tim Kraska. Building a database on S3. In *Proc. ACM SIGMOD Int. Conf. on Management of Data*, pages 251–264, 2008. DOI: 10.1145/1376616.1376645 Cited on page(s) 71, 73, 81

Eric A. Brewer. Towards robust distributed systems (Invited Talk). In *Proc. ACM SIGACT-SIGOPS 19th Symp. on the Principles of Distributed Computing*, page 7, 2000. Cited on page(s) 16

Eric A. Brewer. Pushing the cap: Strategies for consistency and availability. *IEEE Computer*, 45(2): 23–29, 2012. DOI: 10.1109/MC.2012.37 Cited on page(s) 16

Mike Burrows. The Chubby Lock Service for Loosely-Coupled Distributed Systems. In *Proc. 7th USENIX Symp. on Operating System Design and Implementation*, pages 335–350, 2006. Cited on page(s) 26, 63

Bengt Carlsson and Rune Gustavsson. The rise and fall of napster - an evolutionary approach. In *Proc. of the 6th Int. Computer Science Conf. on Active Media Technology*, pages 347–354, 2001. DOI: 10.1007/3-540-45336-9_40 Cited on page(s) 17

Rick Cattell. Scalable SQL and NoSQL data stores. *SIGMOD Rec.*, 39(4):12–27, December 2011. DOI: 10.1145/1978915.1978919 Cited on page(s) 37

Tushar D. Chandra, Robert Griesemer, and Joshua Redstone. Paxos made live: an engineering perspective. In *Proc. ACM SIGACT-SIGOPS 26th Symp. on the Principles of Distributed Computing*, pages 398–407, 2007. DOI: 10.1145/1281100.1281103 Cited on page(s) 26, 61

Ernest Chang and Rosemary Roberts. An improved algorithm for decentralized extrema-finding in circular configurations of processes. *Commun. ACM*, 22(5):281–283, May 1979. DOI: 10.1145/359104.359108 Cited on page(s) 12

Fay Chang, Jeffrey Dean, Sanjay Ghemawat, Wilson C. Hsieh, Deborah A. Wallach, Mike Burrows, Tushar Chandra, Andrew Fikes, and Robert E. Gruber. Bigtable: A Distributed Storage System for Structured Data. In *Proc. 7th USENIX Symp. on Operating System Design and Implementation*, pages 205–218, 2006. Cited on page(s) 4, 25, 31, 32

Navraj Chohan, Chris Bunch, Sydney Pang, Chandra Krintz, Nagy Mostafa, Sunil Soman, and Richard Wolski. Appscale: Scalable and open appengine application development and deployment. In *Proc. of 1st Int. Conf. on Cloud Computing*, pages 57–70, 2009. Cited on page(s) 88

Christopher Clark, Keir Fraser, Steven Hand, Jacob Gorm Hansen, Eric Jul, Christian Limpach, Ian Pratt, and Andrew Warfield. Live migration of virtual machines. In *Proc. 2nd USENIX Symp. on Networked Systems Design & Implementation*, pages 273–286, 2005. Cited on page(s) 88, 100

Brian F. Cooper, Raghu Ramakrishnan, Utkarsh Srivastava, Adam Silberstein, Philip Bohannon, Hans-Arno Jacobsen, Nick Puz, Daniel Weaver, and Ramana Yerneni. PNUTS: Yahoo!'s hosted data serving platform. *Proc. VLDB Endowment*, 1(2):1277–1288, 2008. Cited on page(s) 4, 25, 26, 33

Brian F. Cooper, Adam Silberstein, Erwin Tam, Raghu Ramakrishnan, and Russell Sears. Benchmarking Cloud Serving Systems with YCSB. In *Proc. 1st ACM Symp. on Cloud Computing*, pages 143–154, 2010. DOI: 10.1145/1807128.1807152 Cited on page(s) 27, 37

James C. Corbett, Jeffrey Dean, Michael Epstein, Andrew Fikes, Christopher Frost, JJ Furman, Sanjay Ghemawat, Andrey Gubarev, Christopher Heiser, Peter Hochschild, Wilson Hsieh, Sebastian Kanthak, Eugene Kogan, Hongyi Li, Alexander Lloyd, Sergey Melnik, David Mwaura, David Nagle, Sean Quinlan, Rajesh Rao, Lindsay Rolig, Yasushi Saito, Michal Szymaniak, Christopher Taylor, Ruth Wang, and Dale Woodford. Spanner: Google's Globally-Distributed Database. In *Proc. 10th USENIX Symp. on Operating System Design and Implementation*, pages 251–264, 2012. Cited on page(s) 82, 105

Carlo Curino, Yang Zhang, Evan P. C. Jones, and Samuel Madden. Schism: a workload-driven approach to database replication and partitioning. *Proc. VLDB Endowment*, 3(1):48–57, 2010. Cited on page(s) 44, 45, 64

Carlo Curino, Evan Jones, Raluca Popa, Nirmesh Malviya, Eugene Wu, Sam Madden, Hari Balakrishnan, and Nickolai Zeldovich. Relational Cloud: A Database Service for the Cloud. In *Proc. 5th Biennial Conf. on Innovative Data Systems Research*, pages 235–240, 2011a. Cited on page(s) 64, 99

Carlo Curino, Evan P. C. Jones, Samuel Madden, and Hari Balakrishnan. Workload-aware database monitoring and consolidation. In *Proc. ACM SIGMOD Int. Conf. on Management of Data*, pages 313–324, 2011b. DOI: 10.1145/1989323.1989357 Cited on page(s) 65, 84, 85, 86, 102

Danga Interactive Inc. Memcached: A distributed memory object caching system. http://www.danga.com/memcached/, 2012. Retrieved: November 2012. Cited on page(s) 37

Sudipto Das. *Scalable and Elastic Transactional Data Stores for Cloud Computing Platforms*. PhD thesis, UC Santa Barbara, December 2011. Cited on page(s) 55, 58, 92

Sudipto Das, Divyakant Agrawal, and Amr El Abbadi. ElasTraS: An Elastic Transactional Data Store in the Cloud. In *1st. USENIX Workshop on Hot topics on Cloud Computing*, pages 1–5, 2009. Cited on page(s) 56

Sudipto Das, Shashank Agarwal, Divyakant Agrawal, and Amr El Abbadi. ElasTraS: An Elastic, Scalable, and Self Managing Transactional Database for the Cloud. Technical Report 2010-04, Computer Science, University of California Santa Barbara, 2010a. Cited on page(s) 41, 56

Sudipto Das, Divyakant Agrawal, and Amr El Abbadi. G-Store: A Scalable Data Store for Transactional Multi key Access in the Cloud. In *Proc. 1st ACM Symp. on Cloud Computing*, pages 163–174, 2010b. DOI: 10.1145/1807128.1807157 Cited on page(s) 46, 47, 52

Sudipto Das, Shoji Nishimura, Divyakant Agrawal, and Amr El Abbadi. Live Database Migration for Elasticity in a Multitenant Database for Cloud Platforms. Technical Report 2010-09, Computer Science, University of California Santa Barbara, 2010c. Cited on page(s) 104

Sudipto Das, Shoji Nishimura, Divyakant Agrawal, and Amr El Abbadi. Albatross: Lightweight Elasticity in Shared Storage Databases for the Cloud using Live Data Migration. *Proc. VLDB Endowment*, 4(8):494–505, May 2011. Cited on page(s) 58

Jeff Dean. Talk at the Google Faculty Summit, 2010. Cited on page(s) 5

Jeffrey Dean and Sanjay Ghemawat. MapReduce: simplified data processing on large clusters. In *OSDI*, pages 137–150, 2004. DOI: 10.1145/1327452.1327492 Cited on page(s) 4

Jeffrey Dean and Sanjay Ghemawat. Mapreduce: a flexible data processing tool. *Commun. CACM*, 53(1):72–77, 2010. DOI: 10.1145/1629175.1629198 Cited on page(s) 4

Giuseppe DeCandia, Deniz Hastorun, Madan Jampani, Gunavardhan Kakulapati, Avinash Lakshman, Alex Pilchin, Swaminathan Sivasubramanian, Peter Vosshall, and Werner Vogels. Dynamo: Amazon's highly available key-value store. In *Proc. 21st ACM Symp. on Operating System Principles*, pages 205–220, 2007. DOI: 10.1145/1323293.1294281 Cited on page(s) 4, 25, 26, 35

Xavier Défago, André Schiper, and Péter Urbán. Total order broadcast and multicast algorithms: Taxonomy and survey. *ACM Comput. Surv.*, 36(4):372–421, 2004. DOI: 10.1145/1041680.1041682 Cited on page(s) 15

Danny Dolev. The byzantine generals strike again. *J. Algorithms*, 3(1):14–30, 1982. DOI: 10.1016/0196-6774(82)90004-9 Cited on page(s) 16

DRS. Resource management with VMware DRS. http://vmware.com/pdf/vmware_drs_wp.pdf, 2006. Retrieved: November 2012. Cited on page(s) 100

Songyun Duan, Vamsidhar Thummala, and Shivnath Babu. Tuning database configuration parameters with ituned. *Proc. VLDB Endow.*, 2:1246–1257, August 2009. Cited on page(s) 100

Aaron J. Elmore, Sudipto Das, Divyakant Agrawal, and Amr El Abbadi. Zephyr: Live Migration in Shared Nothing Databases for Elastic Cloud Platforms. In *Proc. ACM SIGMOD Int. Conf. on Management of Data*, pages 301–312, 2011. DOI: 10.1145/1989323.1989356 Cited on page(s) 97, 98

K. P. Eswaran, J. N. Gray, R. A. Lorie, and I. L. Traiger. The notions of consistency and predicate locks in a database system. *Commun. ACM*, 19(11):624–633, 1976. DOI: 10.1145/360363.360369 Cited on page(s) 5, 20, 48

Michael J. Fischer, Nancy A. Lynch, and Mike Paterson. Impossibility of distributed consensus with one faulty process. In *Proc. 2nd ACM SIGACT-SIGMOD Symp. on Principles of Database Systems*, pages 1–7, 1983. DOI: 10.1145/588058.588060 Cited on page(s) 16, 17

Michael J. Fischer, Nancy A. Lynch, and Mike Paterson. Impossibility of distributed consensus with one faulty process. *J. ACM*, 32(2):374–382, 1985. DOI: 10.1145/3149.214121 Cited on page(s) 16

H. Garcia-Molina. Elections in a distributed computing system. *IEEE Trans. Comput.*, 31(1):48–59, January 1982. DOI: 10.1109/TC.1982.1675885 Cited on page(s) 12

Sanjay Ghemawat, Howard Gobioff, and Shun-Tak Leung. The Google file system. In *Proc. 19th ACM Symp. on Operating System Principles*, pages 29–43, 2003. DOI: 10.1145/945445.945450 Cited on page(s) 26, 49

David K. Gifford. Weighted voting for replicated data. In *Proc. 7th ACM Symp. on Operating System Principles*, pages 150–162, 1979. DOI: 10.1145/800215.806583 Cited on page(s) 11

Seth Gilbert and Nancy Lynch. Brewer's conjecture and the feasibility of consistent, available, partition-tolerant web services. *SIGACT News*, 33(2):51–59, 2002. DOI: 10.1145/564585.564601 Cited on page(s) 16

Seth Gilbert and Nancy A. Lynch. Perspectives on the CAP Theorem. *IEEE Computer*, 45(2): 30–36, 2012. DOI: 10.1109/MC.2011.389 Cited on page(s) 17

Olivier Goldschmidt and Dorit S. Hochbaum. Polynomial algorithm for the k-cut problem. In *Proc. 29th Annual Symp. on Foundations of Computer Science*, pages 444–451, 1988. DOI: 10.1109/SFCS.1988.21960 Cited on page(s) 45

Google Protocol Buffers. Google protocol buffers. http://code.google.com/apis/protocolbuffers/, 2012. Retrieved: November 2012. Cited on page(s) 99

Jim Gray. Notes on data base operating systems. In *Operating Systems, An Advanced Course*, pages 393–481. Springer-Verlag, 1978. DOI: 10.1007/3-540-08755-9_9 Cited on page(s) 5, 22, 63

Jim Gray and Andreas Reuter. *Transaction Processing: Concepts and Techniques*. Morgan Kaufmann Publishers Inc., 1992. Cited on page(s) 7, 22

A. Gulati, C. Kumar, I. Ahamad, and K. Kumar. BASIL: Automated IO load balancing across storage devices. In *Proc. 8th USENIX Conf. on File and Storage Technologies*, 2010. Cited on page(s) 101

A. Gulati, G. Shanmugathan, I. Ahamad, C. waldspurger, and M. Uysal. Pesto: Online Storage Perfromance Management in Virtualized Datacenters. In *Proc. 2nd ACM Symp. on Cloud Computing*, 2011. DOI: 10.1145/2038916.2038935 Cited on page(s) 102

Hakan Hacigümüs, Jun'ichi Tatemura, Wang-Pin Hsiung, Hyun Jin Moon, Oliver Po, Arsany Sawires, Yun Chi, and Hojjat Jafarpour. CloudDB: One Size Fits All Revived. In *6th World Congress on Services*, pages 148–149, 2010. DOI: 10.1109/SERVICES.2010.96 Cited on page(s) 98

James Hamilton. I love eventual consistency but... http://bit.ly/hamilton-eventual, April 2010. Retrieved: October 2011. Cited on page(s) 5, 39

hbase. HBase: Bigtable-like structured storage for Hadoop HDFS. http://hbase.apache.org/, 2011. Retrieved: October 2011. Cited on page(s)

HDFS. HDFS: A distributed file system that provides high throughput access to application data. http://hadoop.apache.org/hdfs/, 2011. Retrieved: October 2011. Cited on page(s) 56

Pat Helland. Life beyond Distributed Transactions: An Apostate's Opinion. In *Proc. 3rd Biennial Conf. on Innovative Data Systems Research*, pages 132–141, 2007. Cited on page(s) 27

Dean Jacobs and Stefan Aulbach. Ruminations on multi-tenant databases. In *Proc. Datenbanksysteme in Business, Technologie und Web*, pages 514–521, 2007. Cited on page(s) 83, 84

M. Frans Kaashoek, Andrew S. Tanenbaum, Susan Flynn Hummel, and Henri E. Bal. An efficient reliable broadcast protocol. *Operating Systems Review*, 23(4):5–19, 1989. DOI: 10.1145/70730.70732 Cited on page(s) 15

Robert Kallman, Hideaki Kimura, Jonathan Natkins, Andrew Pavlo, Alex Rasin, Stanley B. Zdonik, Evan P. C. Jones, Samuel Madden, Michael Stonebraker, Yang Zhang, John Hugg, and Daniel J. Abadi. H-store: a high-performance, distributed main memory transaction processing system. *Proc. VLDB Endowment*, 1(2):1496–1499, 2008. Cited on page(s) 41

David Karger, Eric Lehman, Tom Leighton, Rina Panigrahy, Matthew Levine, and Daniel Lewin. Consistent hashing and random trees: distributed caching protocols for relieving hot spots on the world wide web. In *Proc. 29th Annual ACM Symp. on Theory of Computing*, pages 654–663, 1997. DOI: 10.1145/258533.258660 Cited on page(s) 35

Tim Kraska, Martin Hentschel, Gustavo Alonso, and Donald Kossmann. Consistency Rationing in the Cloud: Pay only when it matters. *Proc. VLDB Endowment*, 2(1):253–264, 2009. Cited on page(s) 74, 75

H. T. Kung and John T. Robinson. On optimistic methods for concurrency control. *ACM Trans. Database Syst.*, 6(2):213–226, 1981. DOI: 10.1145/319566.319567 Cited on page(s) 21

Leslie Lamport. Time, clocks, and the ordering of events in a distributed system. *Commun. ACM*, 21(7):558–565, 1978. DOI: 10.1145/359545.359563 Cited on page(s) 8, 11, 26

Leslie Lamport. The part-time parliament. *ACM Trans. Comp. Syst.*, 16(2):133–169, 1998. DOI: 10.1145/279227.279229 Cited on page(s) 16, 26, 61

Leslie Lamport. Paxos made simple. *SIGACT News*, 32(4):18–25, Dec. 2001. DOI: 10.1145/568425.568433 Cited on page(s) 16

Justin J. Levandoski, David B. Lomet, Mohamed F. Mokbel, and Kevin Zhao. Deuteronomy: Transaction support for cloud data. In *Proc. 5th Biennial Conf. on Innovative Data Systems Research*, pages 123–133, 2011. Cited on page(s) 48, 68

Wyatt Lloyd, Michael J. Freedman, Michael Kaminsky, and David G. Andersen. Don't settle for eventual: scalable causal consistency for wide-area storage with COPS. In *Proc. 23rd ACM Symp. on Operating System Principles*, pages 401–416, 2011. DOI: 10.1145/2043556.2043593 Cited on page(s) 82

David B. Lomet and Mohamed F. Mokbel. Locking Key Ranges with Unbundled Transaction Services. *PVLDB*, 2(1):265–276, 2009. Cited on page(s) 69

David B. Lomet, Alan Fekete, Gerhard Weikum, and Michael J. Zwilling. Unbundling transaction services in the cloud. In *Proc. 4th Biennial Conf. on Innovative Data Systems Research*, 2009. Cited on page(s) 68

Mamoru Maekawa. A square root n algorithm for mutual exclusion in decentralized systems. *ACM Trans. Comput. Syst.*, 3(2):145–159, 1985. DOI: 10.1145/214438.214445 Cited on page(s) 11

Keith Marzullo and Susan Owicki. Maintaining the time in a distributed system. In *Proc. ACM SIGACT-SIGOPS 2nd Symp. on the Principles of Distributed Computing*, pages 295–305, 1983. DOI: 10.1145/800221.806730 Cited on page(s) 82

C. Mohan, Don Haderle, Bruce Lindsay, Hamid Pirahesh, and Peter Schwarz. Aries: a transaction recovery method supporting fine-granularity locking and partial rollbacks using write-ahead logging. *ACM Trans. Database Syst.*, 17(1):94–162, 1992. DOI: 10.1145/128765.128770 Cited on page(s) 48, 97

Vivek Narasayya, Sudipto Das, Manoj Syamala, Badrish Chandramouli, and Surajit Chaudhuri. SQLVM: Performance Isolation in Multi-Tenant Relational Database-as-a-Service. In *Proc. 6th Biennial Conf. on Innovative Data Systems Research*, pages 1–9, 2013. Cited on page(s) 86

Simo Neuvonen, Antoni Wolski, Markku manner, and Vilho Raatikka. Telecommunication application transaction processing (tatp) benchmark description 1.0. http://tatpbenchmark.sourceforge.net/TATP_Description.pdf, March 2009. Retrieved: October 2011. Cited on page(s) 41

NoSQL. The NoSQL Movement. http://en.wikipedia.org/wiki/NoSQL, 2012. Accessed: October 1, 2012. Cited on page(s) 5

Dare Obasanjo. When databases lie: Consistency vs. availability in distributed systems. http://bit.ly/obasanjo_CAP, October 2009. Retrieved: October 2011. Cited on page(s) 5, 39

Diego Ongaro, Stephen M. Rumble, Ryan Stutsman, John K. Ousterhout, and Mendel Rosenblum. Fast crash recovery in ramcloud. In *Proc. 23rd ACM Symp. on Operating System Principles*, pages 29–41, 2011. DOI: 10.1145/2043556.2043560 Cited on page(s) 37

John K. Ousterhout, Parag Agrawal, David Erickson, Christos Kozyrakis, Jacob Leverich, David Mazières, Subhasish Mitra, Aravind Narayanan, Guru M. Parulkar, Mendel Rosenblum, Stephen M. Rumble, Eric Stratmann, and Ryan Stutsman. The case for ramclouds: scalable high-performance storage entirely in dram. *Operating Systems Review*, 43(4):92–105, 2009. DOI: 10.1145/1713254.1713276 Cited on page(s) 37

M. Tamer Özsu and Patrick Valduriez. *Principles of Distributed Database Systems*. Springer, 3rd edition, 2011. DOI: 10.1007/978-1-4419-8834-8 Cited on page(s) 5, 7

Christos H. Papadimitriou. The serializability of concurrent database updates. *J. ACM*, 26(4): 631–653, October 1979. DOI: 10.1145/322154.322158 Cited on page(s) 20

Stacy Patterson, Aaron J. Elmore, Faisal Nawab, Divyakant Agrawal, and Amr El Abbadi. Serializability, not serial: Concurrency control and availability in multi-datacenter datastores. *Proc. VLDB Endowment*, 5(11):1459–1470, 2012. Cited on page(s) 63

Marshall C. Pease, Robert E. Shostak, and Leslie Lamport. Reaching agreement in the presence of faults. *J. ACM*, 27(2):228–234, 1980. DOI: 10.1145/322186.322188 Cited on page(s) 15

Daniel Peng and Frank Dabek. Large-scale incremental processing using distributed transactions and notifications. In *Proc. 9th USENIX Symp. on Operating System Design and Implementation*, 2010. Cited on page(s) 77, 79

Percona. Percona XtraBackup. http://www.percona.com/software/percona-xtrabackup/, 2012. Retrieved: November 2012. Cited on page(s) 100

Colin W. Reid and Philip A. Bernstein. Implementing an append-only interface for semiconductor storage. *IEEE Data Eng. Bull.*, 33(4):14–20, 2010. Cited on page(s) 67

Berthold Reinwald. Database support for multi-tenant applications. In *IEEE Workshop on Information and Software as Services*, 2010. Cited on page(s) 83, 87

Marc Shapiro, Nuno Preguiça, Carlos Baquero, and Marek Zawirski. Conflict-free replicated data types. In *Proc. of the 13th Int. Conf. on Stabilization, Safety, and Security of Distributed Systems*, pages 386–400, 2011. DOI: 10.1007/978-3-642-24550-3_29 Cited on page(s) 77

Jeff Shute, Mircea Oancea, Stephan Ellner, Ben Handy, Eric Rollins, Bart Samwel, Radek Vingralek, Chad Whipkey, Xin Chen, Beat Jegerlehner, Kyle Littlefield, and Phoenix Tong. F1: the fault-tolerant distributed RDBMS supporting Google's ad business. In *Proc. ACM SIGMOD Int. Conf. on Management of Data*, pages 777–778, 2012. DOI: 10.1145/2213836.2213954 Cited on page(s) 82

D. Skeen and M. Stonebraker. A formal model of crash recovery in a distributed system. *IEEE Trans. Softw. Eng.*, 9(3):219–228, 1983. DOI: 10.1109/TSE.1983.236608 Cited on page(s) 23

Ahmed A. Soror, Umar Farooq Minhas, Ashraf Aboulnaga, Kenneth Salem, Peter Kokosielis, and Sunil Kamath. Automatic virtual machine configuration for database workloads. In *Proc. ACM SIGMOD Int. Conf. on Management of Data*, pages 953–966, 2008. DOI: 10.1145/1670243.1670250 Cited on page(s) 84

Yair Sovran, Russell Power, Marcos K. Aguilera, and Jinyang Li. Transactional storage for georeplicated systems. In *Proc. 23rd ACM Symp. on Operating System Principles*, pages 385–400, 2011. DOI: 10.1145/2043556.2043592 Cited on page(s) 75, 76, 77

Ion Stoica, Robert Morris, David Karger, M. Frans Kaashoek, and Hari Balakrishnan. Chord: A scalable peer-to-peer lookup service for internet applications. In *SIGCOMM*, pages 149–160, 2001. DOI: 10.1145/964723.383071 Cited on page(s) 17, 26, 28, 35

Michael Stonebraker, Chuck Bear, Ugur Cetintemel, Mitch Cherniack, Tingjian Ge, Nabil Hachem, Stavros Harizopoulos, John Lifter, and Jennie Rogersand Stanley B. Zdonik. One Size Fits All? Part 2: Benchmarking Studies. In *Proc. 3rd Biennial Conf. on Innovative Data Systems Research*, pages 173–184, 2007. Cited on page(s) 106

Michael Stonebraker, Daniel J. Abadi, David J. DeWitt, Samuel Madden, Erik Paulson, Andrew Pavlo, and Alexander Rasin. Mapreduce and parallel dbmss: friends or foes? *Commun. CACM*, 53(1):64–71, 2010. Cited on page(s) 4

Junichi Tatemura, Oliver Po, and Hakan Hacgümüş. Microsharding: a declarative approach to support elastic OLTP workloads. *SIGOPS Oper. Syst. Rev.*, 46(1):4–11, 2012. DOI: 10.1145/2146382.2146385 Cited on page(s) 98

Alexander Thomson, Thaddeus Diamond, Shu-Chun Weng, Kun Ren, Philip Shao, and Daniel J. Abadi. Calvin: fast distributed transactions for partitioned database systems. In *Proc. ACM SIGMOD Int. Conf. on Management of Data*, pages 1–12, 2012. DOI: 10.1145/2213836.2213838 Cited on page(s) 81

TPC-C. TPC-C benchmark (Version 5.11), February 2010. Retrieved: October 2011. Cited on page(s) 41

Bhuvan Urgaonkar, Arnold L. Rosenberg, and Prashant J. Shenoy. Application placement on a cluster of servers. *Int. J. Found. Comput. Sci.*, 18(5):1023–1041, 2007. DOI: 10.1142/S012905410700511X Cited on page(s) 100

Venkateshwaran Venkataramani, Zach Amsden, Nathan Bronson, George Cabrera III, Prasad Chakka, Peter Dimov, Hui Ding, Jack Ferris, Anthony Giardullo, Jeremy Hoon, Sachin Kulkarni, Nathan Lawrence, Mark Marchukov, Dmitri Petrov, and Lovro Puzar. Tao: how facebook serves the social graph. In *Proc. ACM SIGMOD Int. Conf. on Management of Data*, pages 791–792, 2012. DOI: 10.1145/2213836.2213957 Cited on page(s) 105

Hoang Tam Vo, Chun Chen, and Beng Chin Ooi. Towards elastic transactional cloud storage with range query support. *Proc. VLDB Endowment*, 3(1):506–517, 2010. Cited on page(s) 81

Werner Vogels. Data access patterns in the amazon.com technology platform. In *Proc. 33rd Int. Conf. on Very Large Data Bases*, pages 1–1, 2007. Cited on page(s) 25

Werner Vogels. Eventually consistent. *Commun. ACM*, 52(1):40–44, 2009. ISSN 0001-0782. DOI: 10.1145/1435417.1435432 Cited on page(s) 26

Gerhard Weikum and Gottfried Vossen. *Transactional information systems: theory, algorithms, and the practice of concurrency control and recovery*. Morgan Kaufmann Publishers Inc., 2001. Cited on page(s) 7, 22, 48, 57

Gerhard Weikum, Axel Moenkeberg, Christof Hasse, and Peter Zabback. Self-tuning database technology and information services: from wishful thinking to viable engineering. In *Proc. 28th Int. Conf. on Very Large Data Bases*, pages 20–31, 2002. Cited on page(s) 100

Craig D. Weissman and Steve Bobrowski. The design of the force.com multitenant internet application development platform. In *Proc. ACM SIGMOD Int. Conf. on Management of Data*, pages 889–896, 2009. DOI: 10.1145/1559845.1559942 Cited on page(s) 83, 86

Pengcheng Xiong, Yun Chi, Shenghuo Zhu, Hyun Jin Moon, Calton Pu, and Hakan Hacigumus. Intelligent management of virtualized resources for database systems in cloud environment. In *Proc. 27th Int. Conf. on Data Engineering*, pages 87–98, 2011. DOI: 10.1109/ICDE.2011.5767928 Cited on page(s) 84